事業性評価に結びつく

農業法人経営の見方

㈱マネジメントパートナーズ／監修
酒井篤司・古坂真由美・椎原秀雄／著

ビジネス教育出版社

はじめに

私ども㈱マネジメントパートナーズ［以下MPS］は、主に窮境中小企業向けの事業再生・経営改善の支援を行う中小企業診断士中心の事業系のコンサルタントファームです。

クライアントの大部分は中小の商工業者が占めますが、昨今徐々に農業法人からの相談が増えてきているように感じます。近年の大幅な規制改革により法人化・大規模化を積極的に進めてきた農業法人のなかには、経営管理面で未熟極まりない企業も多く、六次産業化の掛け声に乗り無計画な事業運営を図り、自らを窮地に陥れているようなケースが多いのではないかと感じることもしばしばです。

そんな環境下で、はからずも農業法人の経営改善支援に少しずつ実績を積み重ねていたところ、縁あって筆者は3年ほど前に農林水産省からお声が掛かり、とある研究会の委員を拝命しました。

確かその研究会の最初の会合でのことでした。その研究会は、先進的な農業法人経営者に加え、農業金融の関係者や農業大学の学者など、日ごろ農業に深く関わる専門家がほとんどで、私どものように普段は農業との関係が薄い者は筆者一人だけでした。その会議の冒頭でのある農業法人経営者の発言がとても印象的でした。その経営者は、『我々農業者は、日頃自然と闘い、また調和しながら、高い志を持って日本人の食べる貴重な食べ物を作っているのです。単に経済合理性だけで我々を評価して欲しくない。』と堂々と述べられました。迫力を感じたと同時に、まさにその通りだと感銘を受けました。その後も、この研究会だけではなく、数多くの農事業者とも会う機会を持ちましたが、濃淡は別として、皆様すべからく同様な志や信念をお持ちだと感じております。

確かに農業には経済合理性では計れない要素、つまり地域文化を継承し、自然環境を守りつつ、日本の国民に安全な食料を安定的に供給するという大義があり、それは非常に大事なことです。したがって農業に関わる仕事に携わるということは、社会貢献を実感できるという意味において、私どものようなコンサルから見てもとてもやりがいを感じる仕事だと感じます。

ただ、一方では、近年農政の進路が保護中心のいわば社会政策から自立支援中心の産業政策に大きく舵が切られ、さまざまな規制改革が推し進められたことにより、内外の競争も厳しくなり、その競争に勝ち抜くためにはしっかりした『法人経営』が必要となっていることも厳然たる事実です。

素晴らしい素材を持ちながら、経営の基本ができていないために、大変残念な結果に陥っている農業法人が相談に来られると、筆者は本当に残念で仕方ありません。

私ども MPS は、農業そのものに対する高い知見やノウハウを持っているわけではありません。ただ、法人経営の支援という面においては、主に商工業の分野においてはそれなりの実績を積んでまいりました。そんな私どもだからこそ、農業の特殊性には十分留意しつつも、あくまで一つの産業としてあえて特別視はしない姿勢を貫き、法人経営そのものの重要性を説くことにより、かえって農事業者およびその関係者のお役に立つのではないかと考え、本書を書き記すこととしました。

法人経営（マネジメント）の基本は『経営計画』⇒『実行』⇒『モニタリング』の一連のプロセスの管理・統制です。本書の趣旨は、農業を取り巻く多くの関係者にこのプロセスの重要性を理解していただき、同時にその基本的な手法を学んでいただくことです。

また、その関係者のなかで、特に JA および地域金融機関の職員の方々には、事業性評価という新しい切り口で取引先を評価していただくことの重要性を理解していただくことです。

ただ、私どもは学者でも評論家でもなく現場重視の実務家です。したがって、本書においても、経営の根幹を成す財務や事業に関する基本知識はしっかり押さえつつも、可能な限り実例を中心に平易にわかりやすく表現することに留意しました。

農業および農業界そのものについて深く学びたい読者にはこの本はあまり適切なものではなく、他の類書に任せます。

むしろ農業をビジネス（＝法人経営）としてしっかり認識し、その成功に向かって全力で取り組む農業法人の経営者・従業員、そしてそのビジネスとしての農事業を支援する金融機関やJA職員、あるいはその農事業者に寄り添い支援をしている会計事務所などの専門家の方々等にぜひお読みいただきたいと思います。

日本の農産物はとても美味しく、また安全です。この誇るべき農産物を育む日本の農業が時に斜陽産業のように問題児扱いされるのは大変悔しいことです。

本書が、高い志を持つ農業ビジネスの関係者のお役に立つことができれば、それはこの上もない喜びです。

2016年10月

株式会社マネジメントパートナーズ
代表取締役　酒井　篤司

◇◇◇ 目　　次 ◇◇◇

第1章
農業ビジネスを取り巻く環境と金融機関の役割

第2章
決算書による財務分析

第3章
事業面の診断の重要性

第4章
戦略策定、経営改善への取組み

第5章 農業法人G社の戦略策定事例

第6章 財務・事業面診断のためのケーススタディ

第1章

農業ビジネスを取り巻く環境と金融機関の役割

昨今、巷では農業ブームと言われるほど、農業がその関係者のみならず、広く国民の関心事になっています。

それは、旧来やや閉鎖的だった農政が、近年各種規制緩和により目に見える形で大規模な構造改革に着手したことにより、ようやく農業そのものが一般の企業や国民に近い存在になってきたことによるものと思われます。

農業が決して特殊なものではなく、むしろ一般企業・国民が自分自身に近い問題と捉え始めたことにより、今後ますます農業に関する議論は深まっていくものと感じています。

農業は日本にとって非常に重要な産業の一つです。日本の農産物はとても美味しく、また安全で、国際的な評価も高いです。それは、日本の自動車がとても素晴らしく国際的評価が高いことと似ています。ではなぜ、日本の自動車製造業が優等生で、農業が時に問題児扱いされるのでしょう。

農業は本当に産業として成り立たないのでしょうか。筆者は決してそんなことはなく、大きな潜在力を持った成長産業と捉えております。今までやや過度ともいわれる保護政策に守られ、産業としての成長が抑えられていましたので、それが解き放たれた今、むしろ「伸びしろ」がまだ多く残っている数少ない成長産業と考える方が自然です。

ただし、産業として成長していく過程においては、当然ながら内外の事業者間の競争も厳しくなり、厭な表現ですが、勝者と敗者が生まれてくるのは資本主義社会の宿命と言えるものです。農業をビジネスとして捉えた場合、単に今までのように質の良い農産物を作っていればよいという姿勢では生き残りは難しいです。特に、法人化し大規模化していくことにより、業務自体も複雑化・高度化していきますので、経営者に求められる能力は格段に高まります。

私どもが農業法人から相談を受けるケースでは、法人化に伴い従来の栽培以外に増えた多くの付随業務（販売・経理・管理・労務等）に充分に対応できず、いたずらに規模や機能の拡大（六次産業化を含め）に邁進した結果、ある時突然自らの身の丈がわからなくなり、破綻の淵に追い込まれるケースも少なくありません。もちろん、そのような付随業務を最初からできる経営者はいませんし、そのようなことができる人材を確保すること自体も、農業法人にはなかなか困難なことが多いものです。

したがって、むしろ地域々々のそれぞれの専門家、つまり財務であれば金融機関やJA職員あるいは会計事務所、販売であれば同じくJA職員や中小企業診断士、労務であれば社会保険労務士などの専門家が上手くその弱点をカバーしつつ、中長期的にはそのような経営人材を育てていく取組みが望まれます。

本書は、日本の農業の全般にわたる問題・課題を深く掘り下げていくものではなく、あくまで農業を法人経営の側面で切り出し、その円滑な運営に役立つことを目指すものです。ただ、農業が産業である以上、まずは現在どのような環境に置かれているかは理解しておく必要があります。

そこで第1章では、まずはこれからの農業ビジネスに関わる者が最低限認識しておくべき内外の環境を述べるとともに、その支援者たる農業の周辺関係者、特に最大の支援者であるべき農業金融に携わる方々に対し、その新たで重要な役割について記すこととします。

そのうえで、第2章以降は、法人経営の基本中の基本である財務と事業全般の掌握の仕方と、しっかりした現状認識の上に立った経営計画の重要性や策定のポイントを述べ、最後に実際に私どもが担った事例での研究および財務・事業面からの診断を行うためのケーススタディ（練習問題）を加えることとします。

1 ▶ 日本の農産物の需給状況

農業を産業として捉えた場合、まずはマーケットの需給状況を認識しておく必要があります。

図表1-1　国民1人・1日あたり供給熱量の推移

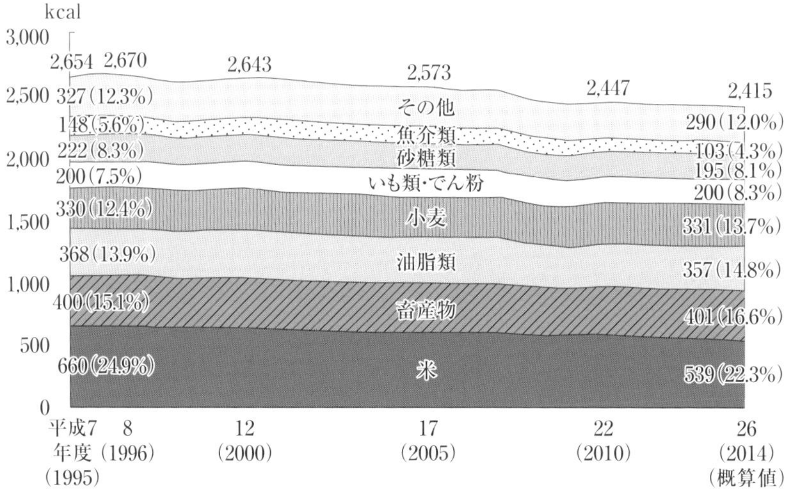

kcal
3,000
2,500
2,000
1,500
1,000
500
0
2,654
2,670
2,643
2,573
2,447
2,415
327(12.3%)
その他
290(12.0%)
148(5.6%)
魚介類
103(4.3%)
222(8.3%)
砂糖類
195(8.1%)
200(7.5%)
いも類・でん粉
200(8.3%)
330(12.4%)
小麦
331(13.7%)
368(13.9%)
油脂類
357(14.8%)
400(15.1%)
畜産物
401(16.6%)
660(24.9%)
米
539(22.3%)
平成7年度(1995)
8(1996)
12(2000)
17(2005)
22(2010)
26(2014)(概算値)

資料：農林水産省「食料需給表」
注：(　)内は、総供給熱量に対する割合
出典：平成27年度「食料・農業・農村白書」(図表1-4まで、および図表1-6～1-9まで同じ)

図表1-2　国民1人・1日あたり摂取熱量の推移

kcal
2,200
2,000
1,800
0
2,042
2,002
2,007
1,979
1,967
1,948
1,954
1,930
1,920
1,902
1,904
1,891
1,898
1,867
1,861
1,849
1,840
1,874
1,873
1,863
平成7年(1995)
9(1997)
11(1999)
13(2001)
15(2003)
17(2005)
19(2007)
21(2009)
23(2011)
25(2013)
26(2014)

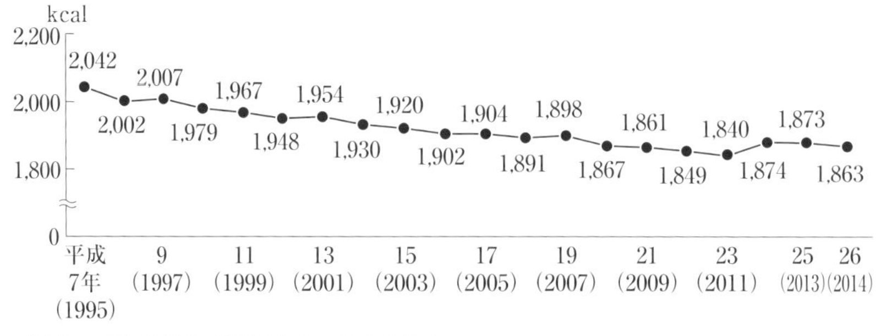

資料：厚生労働省「国民健康・栄養調査」

日本国民の食料消費状況を示す指標として、国民に対して供給された総熱量である供給熱量と国民が実際に摂取した総熱量である摂取熱量を示したものが図表1－1と図表1－2です（供給熱量と摂取熱量の差は、流通および加工過程や摂取時の廃棄分）。

これを見ると、供給熱量は1996年をピークに漸減傾向にあり、摂取熱量も1995年以降ほぼずっと減少傾向で推移しています。

つまり国民一人ひとりは、食料摂取（あくまで熱量基準）はかなり抑制的に推移しているということができます。また、これはあくまで国民1人あたりの推移なので、今後人口減少が続くことを考慮すれば、国内マーケットは今後とも縮小傾向に推移すると言わざるを得ません。

図表1－3　世帯別の1人・1か月あたり食料消費支出の推移

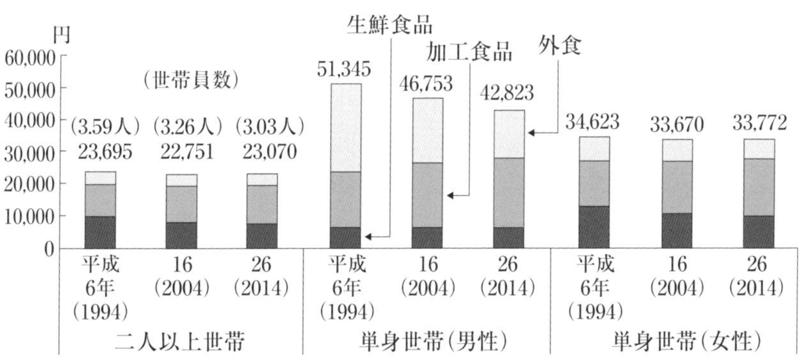

資料：総務省「全国消費実態調査」、「消費者物価指数」を基に農林水産省で作成
注：1）消費者物価指数（食料）を用いて物価の上昇・下落の影響を取り除いた数値
2）生鮮食品は、米、生鮮魚介、生鮮肉、牛乳、卵、生鮮野菜、生鮮果物の合計。外食は、一般外食、学校給食の合計。加工食品は、それ以外
3）単身世帯の外食には賄い費が含まれる。

図表1－3は食料消費を金額面でみたものですが、こちらについても1994年以降漸減傾向となっています。

図表1－1～1－3からわかることは、やや乱暴に言えば、食料消費（需要）という意味においては、そのマーケット規模は近年縮小傾向

が続いており、人口減少を考えれば今後もっとマーケットは縮小するということです。

図表1-4　農業総産出額および生産農業所得の推移

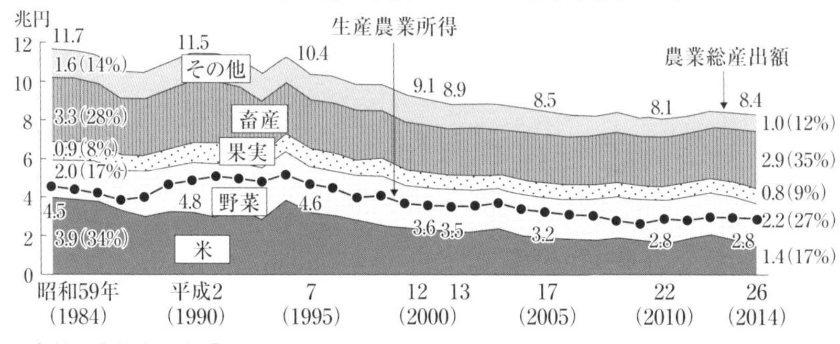

資料：農林水産省「生産農業所得統計」
注：その他は、麦類、雑穀、豆類、いも類、花き、工芸農作物、その他作物、加工農産物

一方、農産物の供給側はどうなっているかということを示したのが図表1-4です。これを見ると、我が国の農業総産出額は、1984年の11兆7千億円をピークに、その後は多少の増減はあるものの漸減傾向にあり、近年では8～8.5兆円で推移しており、また、生産農業所得（農業総産出額－物的経費＋経常補助金）に至っては、1990年をピークに減少し、現在は2.8兆円前後で推移しています。

以上、図表1-1～1-4から言えるのは、農産物を取り巻く国内需給はほぼ一貫して厳しい環境が続いてきたということであり、かつ今後も厳しい環境が続くだろうということです。

つまり、農業を産業として捉えた場合、今後日本国内だけに留まっているだけでは本当に厳しい環境にさらされていくこと、そのなかで活路を見出すには他の産業と同様に生産コストの徹底した低減や商品の高付加価値化等による差別化などの積極的な企業努力が必要で、それに対応できる者のみしか生き残れないと推定されることです。

また、そのような厳しい需給環境であれば、場合によってはあえてリスクを取り、海外販売に活路を見出すのも一つの大きな対策だろうとも考えられます。

2 ▶ 現在の農政が掲げる今後の農業ビジネスの進路

図表1-5 「日本再興戦略」および「『日本再興戦略』改訂2014」に掲げられた農業分野の成果目標（KPI：Key Performance Indicator）について

KPI
●今後10年間（2023年まで）で全農地面積の8割が担い手によって利用される。
●今後10年間（2023年まで）で資材・流通面等での産業界の努力も反映して担い手のコメの生産コストを現状全国平均比4割削減する（約9,600円／60kg）。
●今後10年間（2023年まで）で法人経営体数を2010年比約4倍の5万法人とする。
●六次産業の市場規模を2020年に10兆円とする。
●酪農について、2020年までに六次産業化の取組件数を500件に倍増させる。
●2020年に農林水産物・食品の輸出額を1兆円とし、2030年に5兆円とする。

図表1-5をご覧ください。これは、政府が成長戦略の核として掲げた日本再興戦略の農業分野における成果目標です。

これを見ると、まず大きな流れは、担い手を大幅に集約化し、同時に法人化・大規模化を強力に推し進め、生産コストを大幅に削減し競争力をつけていくこと、同時に六次産業化を推進し付加価値を高めていくこと、そしてその結果達成できた付加価値が高く競争力のある農産物をもって国際マーケットに打って出ることが明確になっています。

つまり、前述の大変厳しい環境を強く意識し、今までの社会政策的な農政を大幅に転換、農業を一つの成長産業と明確に位置付け、その自立と成長を支援する産業政策を推し進める姿勢をはっきり示しています。

3 ▶ 近年の農業ビジネスの動向

以上、農業を取りまく需給環境とその環境下での昨今の農政の方針を簡単に述べました。

本書の目的は、農業そのものや農政を語ることではないので、これ以上深く議論はしませんが、このような環境下で、近年農業ビジネスも大きく変貌していることを理解することは大変重要です。また、同時に急激な変貌の結果、著しい成功事例も出てきていますが、未だ明確な成果が出ない事例や破綻に近い事例も散見されることへの理解も、とても大事だと考えます。

私どものような改善・再生コンサルへの相談が増えているのは、まさにそのような時代の流れに翻弄されている農業法人も多いということの証左と言えます。

農業ビジネスを取り巻く環境は今後ますます厳しさが増し、この流れは今後収まるどころか一層激しくなることが予想されます。

本章では、その農業ビジネスの動きを、主に農業法人の経営という側面により、⑴法人化・大規模化、⑵高付加価値化（六次産業化）、⑶グローバル化の三つの切り口で簡単に現状をおさえておくと同時に、私どものような外部専門家から見た問題点や課題を取り上げます。

1 法人化（大規模化）

図表1-6　販売目的の組織形態別の法人経営体数の推移

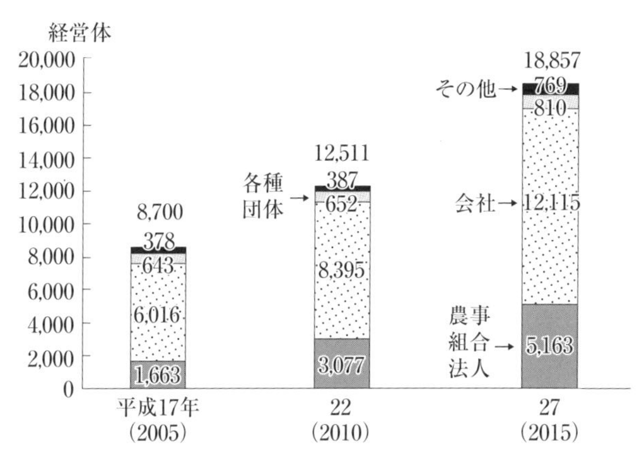

資料：農林水産省「農林業センサス」
注：1）法人経営体は、農家以外の農業事業体のうち販売目的のものであり、1戸1法人は含まない。
2）会社は「会社法」に基づく株式会社、合名・合資会社、合同会社及び「保険業法」に基づく相互会社をいう。平成17（2005）年以前は有限会社を含む。
3）各種団体は農協、農業共済組合や農業関係団体、又は森林組合等の団体をいう。

図表1-6をご覧ください。近年農業法人経営体の数は一貫して増加し、2015年には2005年からの10年間で2倍になっています。また、経営組織別にみても、ほとんどの経営組織において増加傾向にあります。

農業経営を法人化することにより数多くのメリットがありますが、中でも以下のメリットが大きいと考えられます（一部農林水産省資料より抜粋）。

① 経営管理面

家計との分離が図られ、経営管理が徹底され、企業としての成長・発展が望める。

② 組織的意思決定

農業者個人の独善的な経営判断に陥らず、組織的な経営判断が可能となり、激しい環境変化により的確に対応できる。

③ 信用力の向上

一般に、事業を法人化することにより、信用力を高めることができるので、成長のための資金調達が容易となる。

④ 生産性の向上

法人化により経営規模の拡大を図ることにより、一般的に生産性が高まる。

⑤ 経営継承が容易

事業者個人の相続による継承よりも、法人での継承の方が経営継承が円滑に行える。

⑥ 人材の確保

信用力の向上により、より優秀な人材の獲得が可能となり、その人材を活用し、一層の規模の拡大や多角化が可能となる。また、新たな人材の雇用により、バランスの取れた組織構成を達成できる。

現在、政府は日本農業の競争力向上のために、アベノミクスの日本再興戦略のなかで、農業を成長産業と位置付け、その目玉の一つとして、2023年までには農業法人の数を50,000社まで急速な勢いで増やす大変チャレンジングな計画を立てています。

筆者としては農業ビジネスの法人化には大賛成の立場ですが、未熟な状態での中途半端な法人化には不安の念を禁じ得ません。

私どもに昨今数多くの農業法人からの相談があることは前述しましたが、その全てが農業そのものに対する相談ではなく、法人経営に関する相談であることはいわば当然ですが、問題なのはそのほとんどが法人経営としては本当に基本的な相談であり、そのようなレベルのこともわからず経営してきたのかと驚かされることも少なくないことです。つまり経営者自体が全く法人経営を意識しないまま法人化・規模の拡大を図り、そこに不思議なほど安易に補助金と融資の資金付けが行われてきているのであり、ある時、天候が不順だったとか経営者が病気になったとかの一つのきっかけをもって直ちに破綻に向かっていくケースを目の当たりにしているからです。

農業をビジネスと捉えるのであれば、そこには当然ながら単なる志だけではなく、利益を上げる『仕組み』や冷徹な経済計算やリスクに対する備えが必要となってきます。

特に法人化により組織が肥大化すれば、経営者は今まで通り単に栽培を行っていれば済むということではなくなり、利益を生む仕組みを作りそれを維持する能力、つまり経営管理能力を求められることになります。

前述の通り、その意識が未熟なままにいたずらに経営規模を拡大するのはまさに自殺行為ともいえます。ただ、実際問題としては、経営者の覚醒・成長だけに依存するのは無理があり、むしろ農業ビジネスを取り巻く関係者において、強く認識しなければならない問題だと思います。

また、図表1-7をご覧ください。これは民間企業の農業参入の推移ですが、近年急速に参入数が増えています。全部が全部成功しているとはとても言い難い状況とは思いますが、それでも民間企業、特に大企業は既に法人経営のノウハウは身につけたうえでの参入です。農業の特殊性故に簡単には成功しない事例も多いようですが、それでもマネジメントさえ上手く機能していれば、いずれ従来型の農業者と同じ土俵で闘うこととなり、ますます競争環境は厳しくなると想定されます。

現在、政府は行政・農業者組織（農業法人協会・JA等）・金融機

図表1－7　急増する民間企業の農業参入

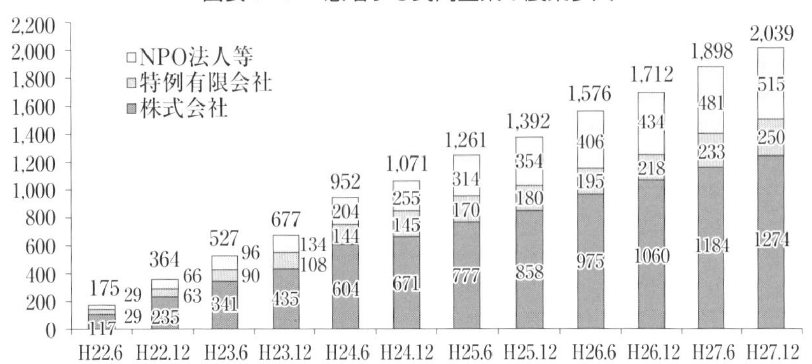

資料：財務省「貿易統計」を基に農林水産省で作成

図表1－8　法人化推進体制の整備

（委託費、補助率：定額、1／2、委託先、事業実施主体：都道府県等）

都道府県段階において、法人化推進体制を整備し、税理士や中小企業診断士など法人化・経営継承に関する専門家派遣、セミナー・研修会の開催、相談窓口の設置等の取組等を推進。

［都道府県段階での推進体制のイメージ］

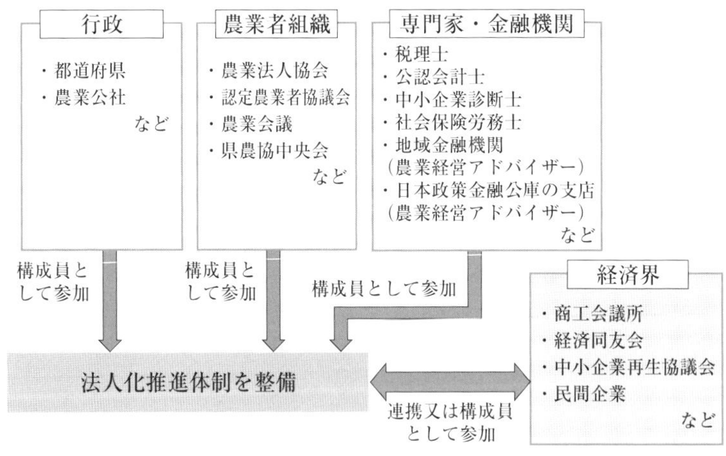

資料：農林水産省「平成28年度予算の概要」

関・専門家（税理士・中小企業診断士等）と経済界との連携により法人化を推進する体制を整備しています（図表1－8）。

それ自体は大変結構なことと思います。ただ、法人化は決して目的ではなく、本来の目的である日本農業の生産性向上ひいては競争力の強化のための手段でしかないことを肝に銘ずるべきと思います。

したがって、今回のこの推進体制の整備も、法人数が増えるまでの一時的な措置ではなく、むしろ法人数が増えてからが本番と考え、中長期的・継続的な措置が望まれます。

2 高付加価値化（多角化・六次産業化）

六次産業化が叫ばれてから久しくなります。自分で生産した農産物を（一次産業）、自ら加工し（二次産業）、市場を通さず自ら売る（三次産業）、これを一次×二次×三次→六次産業化といいます。つまり最終消費されるまでの付加価値を農事業者側が全て獲得していくとい

図表1－9　総合化事業計画の認定件数の推移

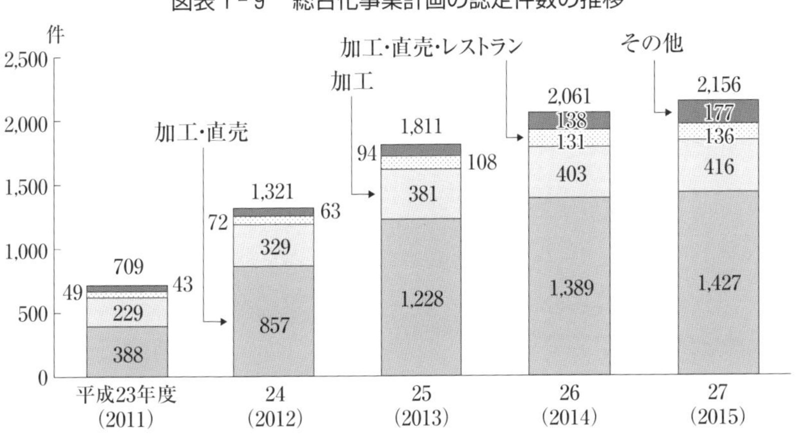

資料：農林水産省調べ
注：1）平成23（2011）年度以降の累積値
　　2）その他は、直売、加工・直売・輸出、輸出、レストラン、ファンド認定案件（新規認定分）

う素晴らしいスキームです。掛け算なので一次産業が抜けるとゼロですよという認識が加わったと聞いています。

図表1-9をご覧ください。総合化事業計画というのは、「農林漁業経営の改善のため、農林業者等が農林水産物および副産物の生産およびその加工または販売を一体的に行う事業活動に関する計画」を意味しており、まさに六次産業化にお墨付きを与える計画のことを言いますが、この図を見ると政府の掛け声に押され、近年着実に実績が上がってきていることがよくわかります。

ただし、筆者の経験で言いますと、この六次化には大きく深い落とし穴が存在します。私どもに相談に来られるほとんどの窮境農業法人は、実はこの六次化に失敗されたことによるものと言っても過言ではありません。

六次化は、農事業者が自ら工業（加工）や商業（販売）に直接取り組むことを意味します。当たり前の話ですが、工業や商業の世界も決して甘いブルーオーシャンの世界ではなく、農業同様、あるいは農業以上に厳しい競争環境（レッドオーシャン）のなかで各々の企業がしのぎを削っているのが現状です。いくら競争力のある原料（農産物）を自ら作っているからといっても、それだけで最終販売競争に勝てるほど安易なものではありません。

特に、それでなくとも不足がちな農業法人の経営資源（ヒト・モノ・カネ・情報・技術等）が生産・加工・販売に分散されてしまい、その強みが増すどころかむしろ薄れてしまい、逆に弱みが露呈してしまうことも多いものです。

私どもが近年相談を受けた先でも、例えば果樹栽培自体では成功したものの、一人親方経営のまま法人化し、かつジャムやお菓子など加工品を始め、同時に直売店を多店舗展開、それに加え観光果樹園までスタートしたケースなどは、自らの経営資源を確認しないままほぼ無計画に事業を展開した結果、破綻直前のケースもありました。

この経営者の場合、自分で作ったものを自分で加工して自分で消費者に売れれば当然儲かるはずだとの一念で始めただけで、あくまで自分中心の考え方から抜け出せず、何がどう売れるので、そのために何をどう加工すればよいかという顧客視点でのマーケティングの発想に欠けていました。また、管理という感覚がほとんどなく、お金の管理も含め全て人任せで、大事な資金がどのような状態になっているかも全く認識できていませんでした。その結果、まさに当然の帰結として、事業全体が失敗の瀬戸際に追い込まれたのですが、結局なぜ失敗したのかどう説明しても理解してもらえませんでした。

ただ、これは別に農業者だけに起こることではありません。例えば、先日相談を受けたケースでは、板前さんが独立して割烹料理店を始めたのは良いのですが、少し成功したので、調子に乗って無計画に違う業態にも進出し２店舗、３店舗と店舗を増やした結果、あっという間に破綻に追い込まれたケースも似たような事例ということができます。

戦線を拡げて事業展開をしていく場合においては、当然ながら組織運営も複雑化しますし、それに合わせて経営者に求められる能力も今までの数倍も多様な内容が必要になってきます。特に多角化の場合は、単純な規模の拡大よりももっと高度で複雑な経営判断をする必要があります。つまり上記のケースでは、単に果樹の栽培をしていればよいのではないし、板前の場合は料理を作っていればよいでは済まなくなるのです。

もちろんそんな能力が一朝一夕に身につくことはないので、周りの関係者が積極的に手を差し伸べる仕組みがますます必要になるのではないでしょうか。

農業法人がまだ緒についたばかりだとすると、特に農業分野においては、地域の核となる支援者であるＪＡ職員や金融機関が積極的にその役割を担うことが強く期待されます。

❸ グローバル化（輸出取引強化）

前述した通り、国内の農林水産物・食品の市場が漸減傾向にある一方、国際市場に目を向けると、各国の経済成長や人口の増加等の要因により、世界の食料市場は拡大が見込まれます。

また、和食がユネスコの無形文化遺産に選ばれたこともあり、広く世界を見渡すと日本食ブームも起こっています。そこで、政府は現在日本食・食文化の魅力を海外に積極的に発信する取組みを強化し、農林水産物・食品の輸出促進につなげることとしています。

図表１-10は、近年の農林水産物・食品の輸出額の推移を表したものです。この５年で見ると、2011年に東日本大震災の影響を受けて減少傾向に転じましたが、その後2013年には右肩上がりに転じ、2015年度には7,451億円と順調に伸びてきています。

図表１-11で明確ですが、政府は2020年度には１兆円を目標として、今後も積極的に輸出強化策を打ち出していくこととなります。

図表１-10　農林水産物・食品の輸出額の推移

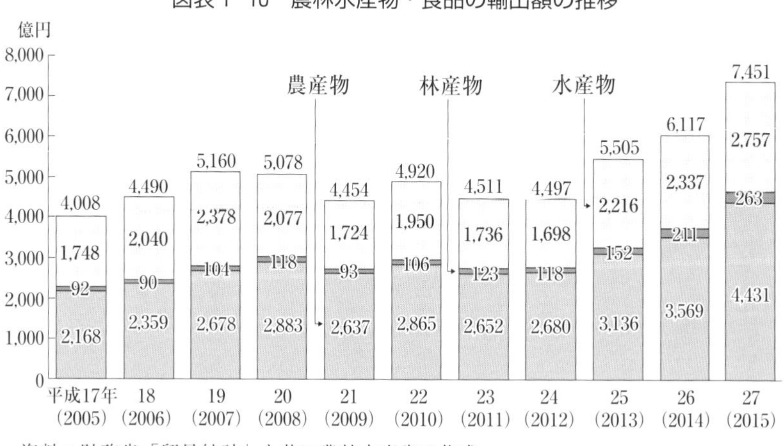

資料：財務省「貿易統計」を基に農林水産省で作成

図表1-11　農林水産物・食品の国別・品目別輸出戦略

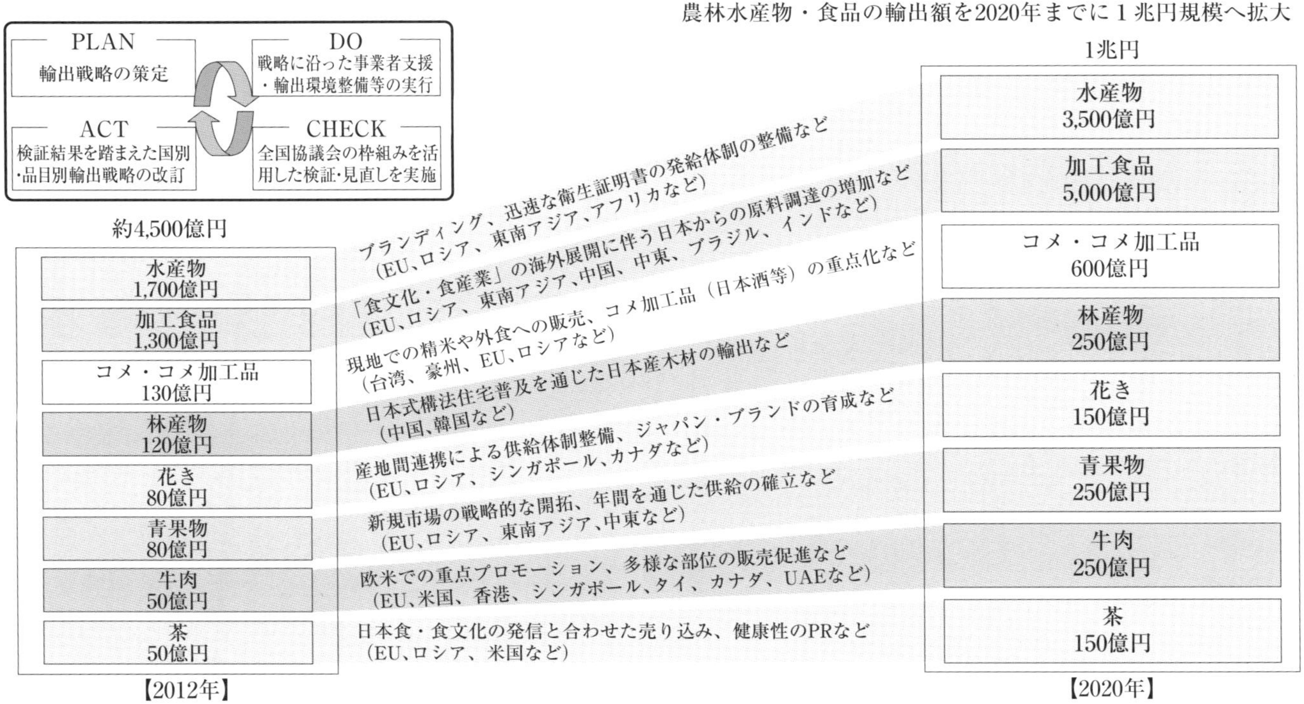

農林水産物・食品の輸出額を2020年までに1兆円規模へ拡大

PLAN
輸出戦略の策定

DO
戦略に沿った事業者支援・輸出環境整備等の実行

CHECK
全国協議会の枠組みを活用した検証･見直しを実施

ACT
検証結果を踏まえた国別･品目別輸出戦略の改訂

【2012年】約4,500億円	戦略	【2020年】1兆円
水産物 1,700億円	ブランディング、迅速な衛生証明書の発給体制の整備など（EU、ロシア、東南アジア、アフリカなど）	水産物 3,500億円
加工食品 1,300億円	「食文化・食産業」の海外展開に伴う日本からの原料調達の増加など（EU、ロシア、東南アジア、中国、中東、ブラジル、インドなど）	加工食品 5,000億円
コメ・コメ加工品 130億円	現地での精米や外食への販売、コメ加工品（日本酒等）の重点化など（台湾、豪州、EU、ロシアなど）	コメ・コメ加工品 600億円
林産物 120億円	日本式構法住宅普及を通じた日本産木材の輸出など（中国、韓国など）	林産物 250億円
花き 80億円	産地間連携による供給体制整備、ジャパン・ブランドの育成など（EU、ロシア、シンガポール、カナダなど）	花き 150億円
青果物 80億円	新規市場の戦略的な開拓、年間を通じた供給の確立など（EU、ロシア、東南アジア、中東など）	青果物 250億円
牛肉 50億円	欧米での重点プロモーション、多様な部位の販売促進など（EU、米国、香港、シンガポール、タイ、カナダ、UAEなど）	牛肉 250億円
茶 50億円	日本食・食文化の発信と合わせた売り込み、健康性のPRなど（EU、ロシア、米国など）	茶 150億円

出典：農林水産省ホームページ

ただし、この問題も諸手を上げて良い話でもないようです。図表1-11をよく見るとわかりますが、現在輸出の対象となっているのは、水産物を除けば、その多くが加工品です。

やはり青果や花き等の鮮度を保つことが難しい農産物一次産品については、保存・輸送等の技術開発は進んできてはいるものの、相手国のインフラの問題等もあり、なかなか爆発的に伸びるということは難しい状況です。品質管理上のトラブルが頻発しているような話も耳に入ってきます。

当面輸出で伸長が期待されるのは、加工品の分野であることは明らかで、この分野で農事業者がメインプレーヤーとして活躍して付加価値を獲得できるかという問題は、今の段階ではかなり心もとないと言わざるを得ません。前項で指摘した六次産業化における経営管理面でのレベルアップをどう達成するかという問題と密接に関係があります。

つまり、しっかりした法人経営を行い、多角化（六次化）を成功できるレベルの農業法人でなければ貿易への進出など到底考えられない、考えるべきではないというのが実情ではないでしょうか。いずれにしろ、この分野においても農業法人における経営管理能力が試されることとなります。

特に貿易取引は、契約リスク・品質リスク・為替リスクなど大変大きなリスクを内包しており、ささいな失敗がその農業法人にとっての致命的な打撃につながる可能性が高いことを考慮すれば、未熟な経営体が安易に手を出すべき取引ではないと考えられます。

巷では、TPP を始めとする貿易自由化の問題について、農業界にとってこれは絶好のチャンスだ、いや最大のピンチだなどと議論されていますが、実はどちらも正しく、要は日本の農業あるいは農業法人がどれだけこの自由競争の荒波を乗り越える経営的能力を身につけるかにかかっているのです。

農業法人を取り巻く関係者には、この点においても、広く経営管理全般を意識した多面的支援が望まれます。

4 農業ビジネスに対する金融機関（JA・銀行・信用金庫・信用組合など）の新たな役割

① 事業性評価による融資の促進

農業が産業として自立し、農業法人がビジネスとして成長・発展していくためには、ヒト・モノ・カネの全てにおける支援体制が必要となりますが、そのなかでも、特に産業の血流としての金融面における支援が大きなポイントとなってきます。

日本の農業における主要経営体が農業者個人つまり個人事業の段階においては、農事業向け資金提供は、基本的には田畑を保有し、そこで農産物を栽培している農業者個人あるいはその家族を信用し、規模・期間（収穫周期）に見合った貸付けを行う姿勢で充分でした。それは、やや乱暴に言えば、農家がその生活の維持のための一定の収穫を得ることを目的に、必要な飼料や肥料はどれだけかを計算し、収穫が終わって精算ができるまでの期間を貸し付けること、あるいは農作業の継続に必要と思われる設備・機械を評価し貸し付けることで充分だったということです。

ところが、前項までに指摘したように、昨今の日本の農業においては、農業がビジネスとして自立しつつあり、特に法人化による経営規模の拡大、六次産業化による経営の複雑化、国際化（貿易強化）とますます経営の高度化が求められる今、これまでのような個人中心・収穫周期中心の貸付けでは十分な金融機能が果たせなくなってきています。

このような新たな環境において農業金融全般に求められる姿勢は、農業をビジネスと捉えること、つまりその主体である農業法人（＝企業）はゴーイングコンサーンとして継続的な存在であることをしっかり認識し、その事業の現在および将来の価値（＝事業性）をしっかり評価したうえで、必要な時期に必要な金額を供給しようとする姿勢です。

商工業の世界においては、既に数年前より地域金融機関に対して、いたずらに担保や保証に頼らず、取引先の事業をしっかり把握・評価してそれを融資判断とすることが強く求められていますが、いよいよ農業も産業として自立化していく過程を迎え、今まさに全く同様のことが農業金融にも強く求められています。

これを言い換えれば、農業を真の成長産業として発展させていくためには、時代を担う競争力のある農業ビジネス（農業法人）の育成が不可欠であり、そのためには、それぞれの農業法人の経営管理能力や将来性を見極めて、その成長発展に合わせて、必要な取組みを資金面から支援することが、農業に携わる金融機関の大きな役割となったということです。

また、農業法人の経営規模の拡大が進むなか、それでなくとも農地は担保にはなりにくい事情を踏まえ、担保のないなかでも、経営の節目節目に必要な資金が円滑に供給される仕組みが必要とされており、そこではJAおよび地域金融機関が大きな役割を担うことが期待されています。

図表１-12は平成18年度のデータでやや古いですが、農業法人向け融資の実態調査結果です。これは農業法人が融資を申し込んだ際に感じている金融機関への不満の内容を表しています。

母数があまり多くないので、どこまで実態を正確に反映しているかという問題はありますが、圧倒的な割合を占めるのが「担保・保証の条件が厳しく、借入額を査定する」という項目のようです。融資を検討する場合、金融機関が借入額を査定するのはむしろ当然のことですが、それでも担保・保証条件が厳しい、つまり債権の保全が最優先事項とされているようなイメージは拭えません。

また、二番目に大きな割合を占める項目が「金利が高い」ということにはやや違和感を感じますが、公庫を除いた調査のようなのでやむを得ないと感じます。また、上位第三番目の項目に「経営能力・事業収益力をあまり評価してくれない」とありますが、これはまさに事業性評価に関わることで、農業法人側にも大きな不満感があることがよくわかります。最終的に融資を実行するか否かは金融機関側の判断になりますが、少なくともその融資判断プロセスにおいては、金融機関側はしっかり融資申込企業の事業性を評価する努力が必要となるでしょう。

図表１-12　農業法人向け融資の実態調査結果(1)

●売上規模別

売上規模別であまり大きな差異はみられない。

	接遇態度がよくない	経営相談に余りのってくれない	金利が高い	担保・保証の条件が厳しく借入額を査定する	審査期間が長すぎる	経営能力、事業収益力をあまり評価してくれない	償還期間を短く査定する	情報提供などサービスがよくない	その他	合計
0（なし）	－	－	－	－	－	－	－	－	－	－
	－	－	－	－	－	－	－	－	－	－
1,000万円未満	－	－	2	1	2	2	－	－	2	3
	－	－	66.7%	33.3%	66.7%	66.7%	－	－	66.7%	100%
1,000万円～2,000万円未満	－	1	2	3	－	2	1	1	1	4
	－	25%	50%	75%	－	50%	25%	25%	25%	100%
2,000万円～4,000万円未満	－	5	7	8	1	3	－	1	2	12
	－	41.7%	58.3%	66.7%	8.3%	25%	－	8.3%	16.7%	100%
4,000万円～6,000万円未満	1	3	6	7	3	5	1	1	2	13
	7.7%	23.1%	46.2%	53.8%	23.1%	38.5%	7.7%	7.7%	15.4%	100%
6,000万円～8,000万円未満	2	1	4	9	4	7	2	1	3	14
	14.3%	7.1%	28.6%	64.3%	28.6%	50%	14.3%	7.1%	21.4%	100%
8,000万円～1億円未満	－	1	2	5	3	1	2	1	1	8
	－	12.5%	25%	62.5%	37.5%	12.5%	25%	12.5%	12.5%	100%
1億円～2億円未満	1	4	8	14	6	6	2	4	4	20
	5%	20%	40%	70%	30%	30%	10%	20%	20%	100%
2億円～3億円未満	2	3	9	10	6	6	4	3	2	16
	12.5%	18.8%	56.3%	62.5%	37.5%	37.5%	25%	18.8%	12.5%	100%
3億円～5億円未満	2	2	8	10	3	7	3	2	－	15
	13.3%	13.3%	53.3%	66.7%	20%	46.7%	20%	13.3%	－	100%
5億円～10億円未満	－	1	1	3	4	2	2	4	3	7
	－	14.3%	14.3%	42.9%	57.1%	28.6%	28.6%	57.1%	42.9%	100%
10億円～20億円未満	－	－	6	5	－	2	1	1	－	6
	－	－	100%	83.3%	－	33.3%	16.7%	16.7%	－	100%
20億円以上	－	－	1	1	－	－	－	－	－	2
	－	－	50%	50%	－	－	－	－	－	100%
合計	8	21	56	76	32	43	18	19	20	120
	6.7%	17.5%	46.7%	63.3%	26.7%	35.8%	15%	15.8%	16.7%	100%

（複数回答）

●メインバンク別

メインバンク別であまり大きな差異は見られない。

	接遇態度がよくない	経営相談に余りのってくれない	金利が高い	担保・保証の条件が厳しく借入額を査定する	審査期間が長すぎる	経営能力、事業収益力をあまり評価してくれない	償還期間を短く査定する	情報提供などサービスがよくない	その他	合計
農協	4	13	29	45	19	27	5	10	10	66
	6.1%	19.7%	43.9%	68.2%	28.8%	40.9%	7.6%	15.2%	15.2%	100%
都市銀行	–	1	2	3	1	–	3	1	2	5
	–	20%	40%	60%	20%	–	60%	20%	40%	100%
地方銀行	4	4	19	21	12	12	6	4	7	38
	10.5%	10.5%	50%	55.3%	31.6%	31.6%	15.8%	10.5%	18.4%	100%
信用金庫	–	3	5	7	2	3	1	1	1	10
	–	30%	50%	70%	20%	30%	10%	10%	10%	100%
信用組合	–	–	–	1	–	1	1	–	–	2
	–	–	–	50%	–	50%	50%	–	–	100%
特にメインバンクはない	1	2	2	4	1	2	2	2	2	6
	16.7%	33.3%	33.3%	66.7%	16.7%	33.3%	33.3%	33.3%	33.3%	100%
その他	–	–	2	2	1	–	–	1	–	2
	–	–	100%	100%	50%	–	–	50%	–	100%
合計	9	23	59	83	36	45	18	19	22	129
	7%	17.8%	45.7%	64.3%	27.9%	34.9%	14%	14.7%	17.1%	100%

（複数回答）

次に、担保・保証条件の付与の現状について見てみますと（図表1-13)、売上規模が大きいほど無担保・無保証での借入ができている状態ですが、それでも4割程度にとどまっており、まだまだ活用の余地があると考えられます。メインバンク別では、農協以外（都市銀行、地方銀行、信用金庫、信用組合）で若干高いようですが、農協のように事業者に密着しており事業の現状や強み・弱みをよく知ることができるポジションにある金融機関こそ、「事業性評価」による無担保・無保証融資を推進していけると望ましいのではないでしょうか。

図表1-13　農業法人向け融資の実態調査結果(2)

●売上規模別

売上規模が上がるにしたがって、「無担保・無保証での借入をした」、「家畜、機械器具などの動産担保のみで借入をした」の割合が高くなる傾向がある。

	不動産担保、保証人を提供した	無担保・無保証（基金協会など機関保証は含みません）での借入をした	家畜、機械器具などの動産担保のみで借入をした	合　計
0（なし）	1	−	−	1
	100%	−	−	100%
1,000万円未満	11	−	−	11
	100%	−	−	100%
1,000万円〜2,000万円未満	10	5	−	15
	66.7%	33.3%	−	100%
2,000万円〜4,000万円未満	24	7	−	31
	77.4%	22.6%	−	100%
4,000万円〜6,000万円未満	19	8	1	27
	70.4%	29.6%	3.7%	100%
6,000万円〜8,000万円未満	24	7	−	29
	82.8%	24.1%	−	100%
8,000万円〜1億円未満	17	5	−	20
	85%	25%	−	100%
1億円〜2億円未満	53	20	3	75
	70.7%	26.7%	4%	100%

2億円～3億円未満	28	20	5	46
	56.5%	43.5%	10.9%	100%
3億円～5億円未満	32	21	1	50
	64%	42%	2%	100%
5億円～10億円未満	30	23	4	51
	58.8%	45.1%	7.8%	100%
10億円～20億円未満	18	7	3	22
	81.8%	31.8%	13.6%	100%
20億円以上	13	7	1	19
	68.4%	36.8%	5.3%	100%
合　計	278	130	18	397
	70%	32.7%	4.5%	100%

（複数回答）

●メインバンク別

「無担保・無保証での借入をした」は、都市銀行、地方銀行、信用金庫、信用組合で若干高い。

	不動産担保、保証人を提供した	無担保・無保証（基金協会など機関保証は含みません）での借入をした	家畜、機械器具などの動産担保のみで借入をした	合　計
農協	130	41	9	172
	75.6%	23.8%	5.2%	100%
都市銀行	5	4	1	10
	50%	40%	10%	100%
地方銀行	107	62	6	160
	66.9%	38.8%	3.8%	100%
信用金庫	34	17	2	49
	69.4%	34.7%	4.1%	100%
信用組合	3	4	－	7
	42.9%	57.1%	－	100%
特にメインバンクはない	10	5	－	13
	76.9%	38.5%	－	100%
その他	5	3	－	7
	71.4%	42.9%	－	100%
合　計	294	136	18	418
	70.3%	32.5%	4.3%	100%

（複数回答）

出典：農林水産省ホームページ「平成18年度農業法人向け融資の実態　ア農業法人(3)民間金融機関からの最近の借入」

②　事業性評価の基本的考え方

それでは、一体事業性の評価というのは何か、どうすれば事業性を評価できるのでしょうか。詳細な手法等は次章以降に委ねますが、簡単に表現すると図表１-14のようになります。

この図でわかるように、評価の手順は以下の通りです。

ⅰ）企業の現在の実態（事業・財務・組織ほか）を正確に把握し、強み・弱みを掌握すること【現状の評価】

ⅱ）成長へ実現可能な戦略・戦術の検討

ⅲ）成長に向けてさまざまな対策を打った結果、将来新たにどれだけの価値（キャッシュフロー）を産むかを算定すること【将来の評価】→経営計画

ここで重要なのは、事業性評価を行う場合、決して事業の現状の評価のみに留めるべきでないということです。現時点では残念ながらあまり良い業績が残せていない場合でも、社内外に良好な経営資源を持ち、今後それを有効に活かせていくことが可能であれば、将来大きな価値を産むことも充分に考えられます。事業性を正しく評価するには、その将来価値もしっかりと検討対象にする必要があります。

もうお気づきだと思いますが、このⅰ）～ⅲ）のプロセスは、まさに経営計画を策定するプロセスそのものなのです。

つまり精緻な経営計画の策定こそが、まさに事業性評価の基本中の基本となるのです。

それでは、第２章以降で、企業の現状把握の手法と計画策定のプロセスを詳しく述べることとします。

図表1-14　事業性評価の手順

現状の評価

【現状分析】
◆外部環境
市場、顧客、競合

◆内部環境
財務状況、ビジネスモデル、オペレーション、組織等

SWOT分析

外部環境	機会	脅威
内部環境	強み	弱み

戦略・戦術の検討

ビジョン、目標、施策の接続

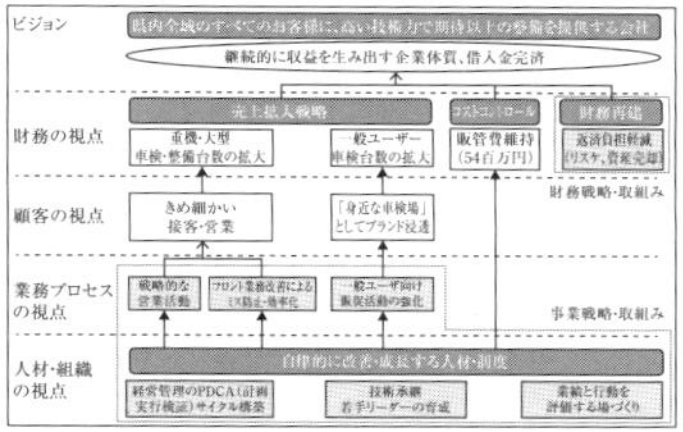

ビジョン
県内全域のすべてのお客様に、高い技術力で期待以上の整備を提供する会社
継続的に収益を生み出す企業体質、借入金完済

財務の視点
売上拡大戦略
重機・大型 車検・整備台数の拡大
一般ユーザー 車検台数の拡大
コストコントロール
販管費維持（54百万円）
財務再建
返済負担軽減（リスケ、資産売却）
財務戦略・取組み

顧客の視点
きめ細かい接客・営業
「身近な車検場」としてブランド浸透

業務プロセスの視点
戦略的な営業活動
フロント業務改善によるミス防止・効率化
一般ユーザ向け販促活動の強化
事業戦略・取組み

人材・組織の視点
自律的に改善・成長する人材・制度
経営管理のPDCA（計画実行検証）サイクル構築
技術承継 若手リーダーの育成
業績と行動を評価する場づくり

将来の評価

計数計画（B/S、P/L、C/F）
返済計画、資金繰り予測

【損益計算書】	H25.7月期 実績	H26.7月期 計画0期	H27.7月期 計画1期	H28.7月期 計画2期	H29.7月期 計画3期
売上高	1,489,192	1,579,723	1,579,723	1,579,723	1,672,423
売上原価	1,150,420	1,337,926	1,315,472	1,320,482	1,391,155
期首原材料棚卸高	84,517	64,064	51,731	51,731	51,731
仕入高	5,743	5,743	5,743	5,743	5,743
外注加工費	241,473	237,873	234,273	234,273	187,062
動力費	123,288	139,464	156,199	174,943	199,234
工場消耗品費	6,069	8,000	8,000	8,000	12,000
外注工賃					
業務委託費	297,845	298,795	298,871	298,871	357,918
水道光熱費	27,525	31,421	31,421	31,421	38,638

アクションプラン（行動計画）

テーマ	目標	期日	担当	4月	5月
新規開拓営業推進	通期50社	期末	●●	月次行動計画	
製造ロス率低減	通期ロス率8%	期末	××		

第2章

決算書による財務分析

本章では、企業の実態把握手法のうち、特に財務面からのアプローチである財務分析について解説します。ただし、財務指標や理論などを網羅的に学ぶアカデミックな学習は他書に譲り、本書では現場で実践的に使える手法・知見を身につけることに主眼を置いています。

1 ▶ 生きた財務分析を行うために

1 財務分析を行う意義

貸借対照表や損益計算書といった財務データ“のみ”から企業・事業の診断を行うのが「財務分析」です。こうした手法は、数値で表される情報（定量情報）に基づいて分析を行うため定量分析と呼ばれ、次章で解説する事業分析のような定性情報に基づく分析（定性分析）と区別されます。

通常、企業の現状把握を行う場合、財務分析からざっくりと現状の問題点等を把握し、事業分析で深掘りしていきます。また、財務・事業分析による現状把握は、「経営戦略や改善施策の検討につなげていく」のを目的としていることを忘れてはいけません。例えば、財務分析というと「○○比率」といった指標を算出し、「業界平均と比べて高い」「低い」と論じるイメージがありますが、そこにとどまらず「それは当社にとってどんな意味があるのか」「今後どうするべきなのか」という視点で理解し、事業分析につなげていくことが重要だといえます。

図表2-1　財務分析から始まる実態把握が、企業の方向性策定につながる

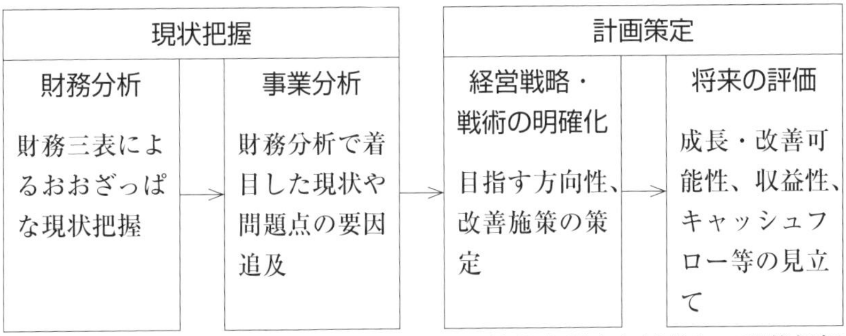

現状把握		計画策定	
財務分析	事業分析	経営戦略・戦術の明確化	将来の評価
財務三表によるおおざっぱな現状把握 →	財務分析で着目した現状や問題点の要因追及 →	目指す方向性、改善施策の策定 →	成長・改善可能性、収益性、キャッシュフロー等の見立て

※抜本的な対策が必要なケースなどでは、外部専門家と連携して現状把握や方向性策定を行うのが有効です。

2 財務分析で使う「決算書」とは

財務分析では「決算書」を使います。決算書とは決算時に作成する書類のことで、厳密には税法に基づいて決められた帳票を指し、「損益計算書」「貸借対照表」「株主資本等変動計算書」「勘定科目内訳明細書」のことを言いますが、財務分析で「決算書」といった場合は、財務三表（損益計算書、貸借対照表に「キャッシュフロー計算書」を加えた3つの帳票）を含む場合が多いです。

以下に、財務分析で使用する各帳票を簡単に説明します。また、各帳票において特に理解しておくべき、商工業とは異なる農業法人特有の費用科目についても触れます。

①　損益計算書（P/L）

損益計算書とは、一定期間における事業の「成績」を明確にするものです。どれだけ売上があがりコストがかかった結果、どれくらいの利益（または損失）が出たかを表します。損益計算書に付随するものとして、原価の内訳を表す製造原価報告書や販管費（販売費・一般管理費）の明細といった書類がついてくることもあります。

図表2-2　損益計算書

単位：千円

科目	金額	概要
売上高		製品販売による収入
農産物売上高 生物売却収入 作業受託売上高 価格補填交付金		＊種別ごとに内訳を記す場合もある。
売上原価		製品の製造・仕入れにかかった費用
商品仕入高 期首製品棚卸高 当期製品製造原価 生物売却原価 △期末製品棚卸高		当期の売上に直接関わる費用を計上。 ※製造・仕入れをしたが在庫として残ったものは「期末製品棚卸高」として原価からマイナスする
売上総利益		製品製造販売による直接の儲け （売上高－売上原価）
販売費・一般管理費		販売や管理のためにかかった費用
人件費 （うち役員報酬） その他		
営業利益		本業による儲け （売上総利益－販売費・一般管理費）
営業外収益		本業以外の財務活動等で得られた収入
受取利息・配当金 一般助成金 作付助成金 受取共済金 その他		
営業外費用		本業以外の財務活動等にかかった費用
支払利息・割引料 その他		
経常利益		毎期経常的に行う活動で得られる儲け
特別利益		当期の一時的な事象により得られた収入
受取共済金 その他		
特別損失		当期の一時的な事象によりかかった費用
固定資産売却損		
税引前当期純利益		すべての活動の結果として得られた儲け
法人税等		
当期純利益		税金を加味した後の最終的な儲け

図表２－３　製造原価報告書

単位：千円

科目	金額	概要
材料費		製造にかかった材料に関する費用
期首材料棚卸高		材料の在庫の期首時点残高
種苗費		
肥料費		＊左記以外に、素畜費等の費用や、事業消費高や飼料補填収入などの原価控除項目を含む場合があります。
飼料費		
農薬費		
燃料費		
その他		
材料仕入高		
合計		
△期末材料棚卸高		材料の在庫の期末時点残高
労務費		製造に関わった人件費
賃金手当		＊左記以外に、衣料費等の項目を含む場合があります。
雑給		
賞与		
法定福利費		
福利厚生費		
外注加工費		製造のために外注した費用
作業委託費		
その他		
製造経費		その他、製造のためにかかった費用
農具費		
工場消耗品費		
修繕費		
動力・光熱費		
共済掛金		
農地・地代賃借料		
土地改良費		
租税公課		
減価償却費		
その他		
期首仕掛品棚卸高		製造途中の製品の期首時点残高
△期末仕掛品棚卸高		製造途中の製品の期末時点残高
当期製品製造原価		

図表2－4　販管費明細

単位：千円

科目	金額	概要
役員報酬		
人件費		販売・管理関連の人件費
給与手当 賞与 退職金 法定福利費 福利厚生費		
その他経費		
広告宣伝費 接待交際費 旅費交通費 荷造運賃 販売手数料 通信費 事務用消耗品費 修繕費 諸会費 支払手数料 減価償却費 地代家賃 リース料 保険料 租税公課 雑費		

<損益計算書における農業特有の費用科目>

ア．売上高

● 生物売却収入……乳牛や繁殖用家畜など長期使用家畜が、搾乳や繁殖などの役割が終わり販売された時の売上のことで、売上高の内訳科目として表示されます。

●作業受託収入……農作業を請け負うことによって得られた収入のことです。

●価格補填収入……農畜産物の販売数量に基づいて交付される補填金・交付金は、販売代金そのものではありませんが、農畜産物の販売によって実現されるものですので、売上高の区分に「価格補填収入」として計上します。

イ．売上原価

●生物売却原価……生物売却収入の対象資産は、売却した時点での該当生物の簿価を売上原価の内訳科目として計上します。

ウ．営業外収益

●作付助成収入……農産物の作付を条件として、作付面積に基づいて交付される助成金・交付金は、毎期経常的に交付されることが予定されていますで、営業外収益の区分に「作付助成金」として計上します。

●一般助成収入……作付面積以外の基準に基づいて、経常的に交付されるものについては、営業外収益の区分に「一般助成金」として計上します。

●受取共済金……家畜共済など経常的に発生する共済金・保険金を計上します。

＜製造原価報告書における農業特有の費用科目＞

ア．材料費

●種苗費、肥料費、農薬費、素畜費（耕種農産物の種苗費に相当するもので、育肥家畜の購入にかかった費用）や飼料費などの項目があります。

●事業消費高……自家製農作物を種苗や飼料、広告宣伝用等に使用した場合、事業用に消費したものと捉え、売上原価の控除項目としますが、種苗や飼料等については種苗費や飼料費等として復活計上されます。

●飼料補填収入……配合飼料安定基金から補填される補填金は、配合飼料価格の高騰にともない交付されるものであるため、製造原価報告書において材料費から控除することを原則とします。

イ．労務費

●衣料費……作業衣料費は独立した勘定科目として計上します。

●福利厚生費……中小企業退職金共済制度や特定退職金共済制度などの掛け金は、福利厚生費として計上します。

ウ．外注加工費

●作業委託費や、診療衛生費などの項目があります。

エ．製造経費

●農具費……取得価格10万円未満または耐用年数１年未満の農具購入費用です。

●共済掛金……作物や農業用施設の共済掛金、価格補填負担金などを計上します。

●土地改良費……土地改良事業の費用のうち、毎年必要経費となるものを計上します。

②　貸借対照表（B/S）

貸借対照表とは、ある時点における事業者の財政状況を表した一覧表です。損益計算書は、「一定期間の業績」を表しましたが、貸借対照表は過去の累積の結果として、ある時点で資産や負債（返済が必要なお金）がどのくらいあるのかがわかります。貸借対照表では、特に現預金の多寡や（多ければ財務的に安定）、借入れへの依存度（高ければ将来の返済が重荷になる可能性が高く危険）といった分析をすることで、事業者の安全性を測るのに役立ちます。

図表2－5　貸借対照表

平成　年　月　日現在　　　　(単位：千円)

資産の部		負債の部	
科目	金額	科目	金額
【流動資産】		【流動負債】	
現金預金		支払手形	
受取手形		買掛金	
売掛金		短期借入金	
棚卸資産		未払消費税等	
未収金・未収収益		未払法人税	
その他流動資産		その他流動負債	
【固定資産】		【固定負債】	
有形固定資産		長期借入金	
建物・構築物		役員等借入金	
機械装置・運搬具		退職給与引当金	
生物			
繰延生物			
育成仮勘定		負債合計	
土地		純資産の部	
その他有形固定資産		資本金	
無形固定資産		資本剰余金	
電話加入権		利益剰余金	
土地改良負担金		利益準備金	
投資等		その他利益剰余金	
投資有価証券		農業経営基盤強化準備金	
出資金		圧縮積立金	
権利金			
保険積立金			
客土			
経営安定積立金			
その他投資			
繰延資産		純資産合計	
資産合計		負債・純資産合計	

流動資産→
1年以内に現金化できる資産

固定資産→
1年以上の長期で現金化が可能な資産

投資等→
その他長期資産で、他企業への資本参加や長期資産運用の投資など

←流動負債
1年以内に支払い・返済が必要な負債

←固定負債
1年以上の長期で支払い・返済が必要な負債

←純資産
過去に得たお金のうち支払い・返済の必要がないもの

↑資産の部
事業者が持っている資産の内訳。負債や純資産で調達したお金をどこに使っているか

↑負債の部・純資産の部
どうやってお金を調達してきたか

貸借対照表の左（資産）と右（負債・純資産）の合計は必ず一致（バランス）する

<貸借対照表における農業特有の費用科目>

ア．棚卸資産

●製品……未販売農産物（収穫したがまだ販売せず在庫に残っている農産物）や副産物、畜産加工品が含まれており、原価主義で評価して計上します。

●仕掛品……未収穫作物（単年性作物で期末に圃場に未収穫で残っている農産物）や肥育家畜（１年以内の販売を目的として、短期飼育されている牛や豚などの中小家畜）が含まれており、原価主義で評価して計上します。

イ．有形固定資産

●生物……一定の樹齢や年齢に達して、長期にわたって農畜産物の生産に使用している果樹や茶樹、乳牛や繁殖用家畜などで、減価償却の対象となるものです。育成中は繰延生物として計上されています。

●繰延生物……税法上の減価償却資産とならない償却資産である生物をいい、バラや洋ランなどの親株が含まれます。

●育成仮勘定……自己の経営内で長期にわたって育成中の果樹や茶樹、乳牛や繁殖用家畜などで、育成期間中に要した種子・苗木費、農薬費、素畜費・飼料費、労務費などが加算されています。工業簿記における建設仮勘定に相当し、成木や成畜となった時点で生物として計上されます。

ウ．無形固定資産

●土地改良負担金……土地改良事業の受益者負担のうち、公道等の取得費に対応する部分を税法上の繰延資産として計上されるものをいい、支出の効果が及ぶ期間にわたって償却処理します。

エ．投資等

●客土……土地改良のための土砂搬入等の支出の効果が及ぶものについて、税法上の繰延資産として計上されるものをいい、支出の効果が及ぶ期間にわたって償却処理します。

●経営安定積立金……収入減少補填積立金など国の経営安定対策によって支出した生産者積立金のうち資産計上すべきものをいい、補填金が支払われた場合には取崩し処理をします。

オ．利益剰余金

●農業経営基盤強化準備金……水田・畑作経営安定対策などの交付金や補助金の相当額を積み立てた金額を計上したものをいいます。

●圧縮積立金…国庫補助等で取得した資産で、税務上損金算入が認められる額を積み立てたものです。

③ キャッシュフロー計算書（C/F）

キャッシュフロー計算書は、一定期間の現金の流れ（入金・支払い）を示すものです。中小企業には作成の義務はないため、決算書には通常添付されていませんが、損益計算書と貸借対照表の内容から作成することができますし、会計ソフトから自動で出力できるケースも多いです。

企業経営では、利益は上がっているにもかかわらず現金が足りない、いわゆる「勘定合って銭足らず」や「黒字倒産」といった問題が発生する場合があり、期間の利益だけでなく現金を獲得できているか（キャッシュフローがプラスになっているか）をキャッシュフロー計算書で確認することは非常に重要なのです。例えば、損益計算書上で売上と利益が出ている場合でも、売上は「商品を提供して相手に請求をした時点」で立てるものであるため、その時点で現金が入ってきているとは限りません。請求をしたものの相手が代金を払わない場合はキャッシュフロー（現金）が入ってこないということになります。

一方で仕入先や従業員への支払いが続いた場合、全体ではキャッシュフローマイナス（現金が減っている状態）となり、「利益が出ているのに現金が減る」ということがあり得るのです。そのような問題を防止・解決するために、キャッシュフロー計算書の分析は有効です。

キャッシュフロー計算書は、以下の区分で表示されます。

図表2－6　キャッシュフロー計算書の区分

区　分	概　要
営業キャッシュフロー	営業活動によるキャッシュフロー。損益計算書で計算された当期純利益に、営業活動に伴って増減した資産と負債の加減算などを加味し計算する。マイナスが大きい場合は原因を追究し、長期的・構造的なものであれば改善の余地を検討するなどが望ましい。
投資キャッシュフロー	設備投資や資産の売却等投資活動によるキャッシュフロー。マイナス幅が大きい（＝大きな投資をしている）場合には、投資内容を見て成果見通しと関連づけて評価する。営業キャッシュフローで投資キャッシュフローマイナスがカバーできていれば問題はない。
フリーキャッシュフロー	営業キャッシュフロー＋投資キャッシュフローで、事業者が自由に使えるキャッシュ。支払能力や返済能力を示す尺度として重視されている。
財務キャッシュフロー	新規借入や返済など財務活動によるキャッシュフロー。約定返済額の全額が当期のフリーキャッシュフローで賄われることが望ましい。
合計キャッシュフロー（現預金増減）	フリーキャッシュフロー＋財務キャッシュフロー。期間中に増減した現預金の額。

図表2-7　キャッシュフロー計算書

自　平成　年　月　日～至　平成　年　月　日

（単位：千円）

科目	金額	
当期利益		当年度末決算実績金額
減価償却費		
受取手形増減		当年度金額－前年度金額が ＞0⇒キャッシュフロー減少 ＜0⇒キャッシュフロー増加
売掛金増減		
棚卸資産増減		
その他流動資産増減		
支払手形増減		当年度金額－前年度金額が ＞0⇒キャッシュフロー増加 ＜0⇒キャッシュフロー減少
預り金増減		
未払法人税等・未払消費税等増減		
その他流動負債増減		
営業活動によるキャッシュフロー		上記項目の合計額
建物・構築物増減		当年度金額－前年度金額が ＞0⇒キャッシュフロー減少 ＜0⇒キャッシュフロー増加
機械装置・運搬具増減		
土地増減		
その他固定資産増減		
無形固定資産増減		
投資等増減		
投資活動によるキャッシュフロー		上記項目の合計額
フリーキャッシュフロー		営業活動 CF ＋投資活動 CF
短期借入金増減		当年度金額－前年度金額が ＞0⇒キャッシュフロー増加 ＜0⇒キャッシュフロー減少
長期借入金増減		
役員借入金増減		
財務キャッシュフロー		上記項目の合計額
合計キャッシュフロー		フリーCF ＋財務 CF
期首現預金在高		当年度期首決算実績金額
期末現預金在高		期首現預金在高＋合計キャッシュフロー
債務償還年数		

キャッシュフロープラスの影響があるものはプラスの数値で、キャッシュフローマイナスの影響があるものはマイナスの数値で表示される。キャッシュフロー（プラスまたはマイナス）に大きな影響を及ぼしている項目を知ることができる。

（参考） 債務償還年数

キャッシュフローは、「債務償還年数（有利子負債が何年で償還（返済）できるか)」の計算にも利用され、金融機関が企業の状況を判断する指標のひとつとなっています。

債務償還年数＝（有利子負債残高－正常運転資金－現預金残高）÷フリーキャッシュフロー

● 有利子負債残高：返済義務のある借入金や社債の残高

有利子負債残高＝短期借入金＋長期借入金＋社債＋割引手形

● 正常運転資金：正常な営業活動の上で恒常的に必要な運転資金

正常運転資金＝売掛金＋受取手形＋在庫－買掛金－支払手形

※支払いから入金までのタイムラグの間、仕入資金を事業者が立て替えなければならないが、その分は金融機関から継続的に借入れをしていてもよい（≒実質的に返済しなくてよい）という考え方に基づき、債務償還年数算出の際には有利子負債残高から正常運転資金を除外する。

※簡易な方法として、キャッシュフロー＝税引後当期利益＋減価償却費として算出する場合もあります。

④ 勘定科目内訳明細書

法人税の確定申告時に添付される「勘定科目内訳明細書」は、決算書の主要な勘定科目ごとの明細を記したものであり、当該科目の内訳や性質を知ることができます。

<売掛金>

売掛金残高が大きい場合や総額が増えている場合などは、明細に記載されている取引先と金額から回収可能性を確認すべきです。例えば、特定の取引先への売掛金が毎年増加している場合は、長期滞留してい

る（回収できていない）可能性がありますし、信用力の低い取引先への売掛金が多い場合は要注意です。また、売上を水増しする粉飾のために架空の売掛金が計上されているケースもあり、不自然なものがあれば確認が必要です。

図表２－８　売掛金（未収入金）の内訳書

科目	相手先		期末現在高	摘要
	名称（氏名）	所在地（住所）		
売掛金	○○社	××市	15,000,000円	
〃	□□社	××市	7,000,000	
〃	△△社	■■市	3,000,000	
〃	その他		5,600,000	
合計			30,600,000	

<損益計算書の主要科目>

経営改善の場面でコスト削減の可能性を探るケースなどには、損益計算書上の主要科目内訳の確認が役立ちます（次ページは役員報酬および地代家賃の明細）。

図表2-9　役員報酬等および人件費の内訳書

役員報酬手当等の内訳										
役職名 担当業務	氏名	代表者との関係	常勤・非常勤の別	役員給与計	左の内訳					退職給与
	住所				使用人職務分	使用人職務分以外				
						定期同額給与	事前確定届出給与	利益連動給与	その他	
(代表者) 代表取締役	○田×夫 ××市		㊥・非	円 9,600,000	円 0	円 9,600,000	円 0	円 0	円 0	円 0
取締役	○田○子 ××市		㊥・非	7,200,000	0	7,200,000	0	0	0	0
取締役	△△□□ ××市		㊥・非	3,600,000	0	3,600,000	0	0	0	0
			常・非							
計				20,400,000	0	20,400,000	0	0	0	0

人件費の内訳			
区分		総額	総額のうち代表者及びその家族分
役員報酬手当		20,400,000円	16,800,000円
従業員	給料手当	0	0
	賃金手当	0	0
計		20,400,000	16,800,000

図表2-10　地代家賃等の内訳書

地代家賃の内訳				
地代・家賃の区分	借地（借家）物件の用途 所在地	貸主の名称（氏名） 貸主の所在地（住所）	支払対象期間 支払賃借料	摘要
家賃	○○工場	□□社	27・4・1～28・3・31 6,000,000円	
家賃	××工場	□□社	27・4・1～28・3・31 4,800,000円	
地代	駐車場	△△社	27・4・1～28・3・31 960,000円	
地代	駐車場	△△社	27・4・1～28・3・31 240,000円	
合計			・・～・・ 12,000,000円	

＜雑収入＞

雑収入には助成金や交付金が含まれますが、内容を確認し、経常的に得られる収入か、一時的に得られる収入かといった視点で見ることで、今後の収益力を図ることができます。

図表 2 -11　雑益、雑損失等の内訳書

科目		取引の内容	相手先	所在地（住所）	金額
雑益等	雑収入	JA 助成金	JA ○○		300,000円
	〃	価格安定基金	JA ○○		500,000
	合　計				800,000

2 ▶ 財務分析の具体的手法

1 経年推移分析

ゼロから事業者の財務分析をする場合、何より財務三表（貸借対照表、損益計算書、キャッシュフロー計算書）の経年推移を見ることが有効です。少なくとも 3 期分、できれば 5 期以上を並べてみることで、売上・利益の増減といった傾向や、当社が抱える問題点とそれに対する過去の取組みが見えてきます。

以下では、実際の事業者の例を見ながら、経年比較分析の視点や手順を理解していきます。ここで取り上げるのは、「経営改善が必要なきのこ生産事業者」の事例です。金融機関担当者の目線では、どのように当社のおかれた状況を理解し、問題点の所在や経営改善の可能性・手法を探っていくのかに着目してください。

次の表は、きのこ生産事業者の 4 期分の損益計算書推移です。ここ

では、原価や販管費の明細を省略した簡易版としています。推移の分析をする場合、まずは主に数値の変動に着目し、著しい増減がある科目について洗い出し、分析の糸口にします。

図表2-12　きのこ生産事業者　直近4期の損益計算書推移

単位：百万円

	X-3期	X-2期	X-1期	X期	推移について
売上高	340	300	269	224	右肩下がりで減
売上原価	317	309	286	252	
売上総損益	23	−9	−17	−28	売上減に伴い X-2期より赤字
売上総利益率	*7%*	*−3%*	*−6%*	*−13%*	
販管費	21	22	19	18	X-1期より減
営業損益	2	−31	−36	−46	売上減に伴い X-2期より赤字
営業利益率	*1%*	*−10%*	*−13%*	*−21%*	
経常損益	1	−35	−37	−41	
当期利益	1	−35	−37	−41	

当社については以下のような現象がわかります。

＜損益計算書からわかる、きのこ生産事業者の現状＞

- ●売上が右肩下がりに減少している
- ● X－3期は黒字を確保していたものの、X－2期以降は営業損益および売上総損益が赤字で、毎年赤字幅は拡大している。
- ●売上総利益率および営業利益率も悪化の一途をたどっている。
- ●売上減に応じて原価が下がっていない。
- ●販管費はほとんど下がっていない。

どうやら、当社は何らかの理由で毎年売上減少が止まらず、どんどん赤字幅を広げてしまっているようです。また、通常であれば売上減による赤字を食い止めるために原価や販管費の削減に向け経営努力するものですが、当社はそれもうまくいっていないようです。

こうした考察をすると、自ずと「なぜ売上が下がってしまったのか？」「売上を上げることはできないのか？」「売上に連動して原価を下げられないのはなぜか？」「販管費を削減する余地はないのか？」といった推測にたどりつくはずです。つまり、経年推移を分析することで、単に現状がよいのか悪いのかを見極めるだけでなく、現状に至るまでの経緯や、改善策や今後の方向性策定に有用な情報が得られるのだと言えます。

（仮に直近のX期だけ単年で見ていた場合には、赤字で儲かっていないことはわかりますが、改善の可能性があるのか、改善の余地はど

図表2-13　売上原価の詳細

単位：百万円

		X-3期	X-2期	X-1期	X期	推移について
売上高		340	300	269	224	右肩下がりで減
売上原価		317	309	286	252	
	商品売上原価	34	30	34	45	
	製品製造原価	283	279	252	207	
	売上高製品製造原価率	*83%*	*93%*	*94%*	*92%*	
	材料費	178	163	152	126	
	売上高材料費率	*52%*	*54%*	*57%*	*56%*	
	労務費	47	52	45	41	
	製造経費	58	62	53	41	
	期首仕掛品棚卸高	5	5	3	1	
	期末仕掛品棚卸高	5	3	1	2	
売上総損益		23	−9	−17	−28	売上減に伴いX-2期より赤字
売上総利益率		*7%*	*−3%*	*−6%*	*−13%*	

※商品売上原価…外部から仕入れたもの（商品）にかかる費用
※製品製造原価…自社で製造したもの（製品）にかかる費用

こにあるのか、売上アップか？　原価削減か？　販管費の削減か？　といったヒントは得られにくいはずです。）

これらの要因を探るためには、さらに細かい科目に落とし込んで見ていきます。

売上原価（前ページ）や販管費の内訳を見てみましょう。

主要な原価である製品製造原価のうち大きなシェアを占めるのが材料費ですが、徐々に売上に対する材料費の比率が上がっていることがわかります。通常、売上が下がれば製造するための材料も減るはずですので、大変不自然ですし、何か大きな問題点が隠されていそうです。

図表2-14　販管費の詳細

単位：百万円

	X-3期	X-2期	X-1期	X期	推移について
販管費	21	22	19	18	X-1期より減
役員報酬	2	2	2	1	
販売手数料	18	19	16	17	
その他	1	1	1	1	

販管費については、ほとんどを占めるのが「販売手数料」です。しかも、売上に連動せず販売手数料がまったく減っていないようです。役員報酬はもともと少額なものをさらに減らしていますし、販売手数料については経営努力では減らせない環境に置かれているのかもしれません。

ここまで損益計算書を見てきましたが、貸借対照表やキャッシュフロー計算書にも問題が隠れている場合があります。

まず当社の貸借対照表を見ると（図表2-15）、X-1期末に従来と比較すると異常な高い水準の買掛金残があることがわかります。このような場合決算書に付属する科目明細書の「買掛金」のページを確認することで、どの仕入先への買掛金残が多いのかがわかります。当社の場合は、培養ビンを仕入れている主要仕入先への買掛金残が増加していたようです。この増加については、あまりに不自然であり、調査のポイントになります。

※ちなみに、買掛金残が増えるということは「支払っていない買掛金が増えている」ことを意味するため、キャッシュフロープラスの要因となります。キャッシュフロー計算書の「営業キャッシュフロー」内「仕入債務の増減」の欄を見ると、プラスの表示がされていることからもわかります。

図表 2 -15　貸借対照表

単位：百万円

貸借対照表	X-3期 実績	X-2期 実績	X-1期 実績	X 期 実績
資産の部	44	32	32	26
流動資産	36	26	24	19
現金・預金	3	3	5	2
売掛金	9	9	11	9
商品	1	0	0	1
仕掛品	8	7	7	6
貯蔵品	1	2	1	1
仮払金	0	0	0	0
前渡金	14	5	0	0
立替金	0	0	0	0
仮払税金	0	0	0	0
固定資産	7	6	8	6
有形固定資産	7	6	8	6
投資その他の資産	1	1	0	0
負債の部	42	66	102	137
流動負債	8	16	64	104
買掛金	4	9	50	81
短期借入金	0	3	2	14
未払金	2	4	11	8
未払法人税等	0	0	0	0
未払消費税	1	0	1	1
仮受金	0	0	0	0
預り金	0	0	0	0
固定負債	34	50	38	33
長期借入金	34	50	37	32
長期未払金	0	0	2	1
純資産の部	2	−33	−70	−111
株主資本	2	−33	−70	−111
資本金	1	1	1	1
利益剰余金	1	−34	−71	−112
負債・純資産合計	44	32	32	26

図表2-16　キャッシュフロー計算書

単位：百万円

キャッシュフロー計算書	X-3期実績	X-2期実績	X-1期実績	X期実績
営業キャッシュフロー	12	−18	18	−10
税引後当期純利益	1	−35	−37	−41
減価償却費	1	1	0	2
売上債権増減	−5	1	−2	1
棚卸資産増減	−4	2	1	−0
仕入債務増減	−2	5	41	31
その他の流動資産の増減	20	9	5	0
その他の流動負債の増減	1	0	8	−3
その他の固定負債の増減	0	0	2	−0
法人税の支払	0	−0	0	0
投資キャッシュフロー	0	−0	−2	0
固定資産の増減	0	−0	−2	0
その他投資の増減	0	0	0	0
フリーキャッシュフロー	12	−19	16	−10
財務キャッシュフロー	−9	19	−14	7
借入金の増減	−9	19	−14	7
現預金の純増減	3	0	2	−3
期首現預金残高	0	3	3	5
期末現預金残高	3	3	5	2

こうした点について、「なぜ減らせないのか」や「改善の可能性」を深掘りすることで、今後黒字化するヒントを得られそうです。財務面の分析では、これ以上追及することは難しいですから、ここからは事業面の診断（ヒアリングやその他資料等から、外部環境や事業運営の実態を分析すること）と合わせて理解する必要があります。

きのこ生産事業者の場合は、財務データから判明した上記の事実や疑問点をもって経営者へのヒアリング等を行うことで、以下の事実がわかりました。

① なぜ売上が下がってきたのか？

- 創業後しばらくは売上が安定していたのだが、X-2期には雑菌繁殖の影響で販売できる量が減ってしまった。
- その後、X-1期、X期にも、ハエの大量発生、バクテリア発生などが連続して起こり、さらに売上を落としてしまった。
- 実は当社は、もともときのこ栽培のノウハウをあまり持たないまま起こした農企業であった。
- 当初はビギナーズラックだったのかうまくいっていたのだが、衛生管理面の不十分な対応が裏目に出て、近年は毎年問題を起こして売上を激減させてしまった。

② 売上減の一方で材料費が減っていないのはなぜか？

- 毎年、前期並みの売上を目指して材料を仕入れていたが、上記理由で栽培がうまくいかずに売上につながらなかった。仕入れが先に立つ構造のため、売上減に応じて材料費を減らすことができなかった。

③ 売上減の一方で、販管費の大部分を占める「販売手数料」が減らせないのはなぜか？

- 販売の52%を占める主要販売先の顧客××商事に対し「出荷手数料」を支払うビジネスモデルである。
- 生産量が減ると××商事以外への出荷量を抑制し××商事への販売は維持していたため、出荷手数料が減らない構造となっている。

④ X-1期に、異常な買掛金残の増加があった要因は？

- 当社の資金繰りの悪化で支払いが厳しくなり、主要仕入先への支払いを遅らせてもらっていた。(大きな赤字を出しながらも資金繰りが回っていたのはこのため)

以上に示してきたような現状把握ができれば、問題となるポイントや、今後の経営改善の方向性見極めにつながることがわかるかと思いますが、こうした分析の最初の糸口が、財務分析であり、経年推移分析なのです。

<経年推移分析のポイントまとめ>

① 経年推移分析では、数値の変動や不自然な動きに注意する

まず大きく変動している科目に着目し、その原因を探っていきます。場合によっては「変動すべきなのに変動しない科目」を見ていきます。例えば、売上が下がっているのに原価が下がっていない、経費が上がっているといった不自然な動きがあれば、問題点や改善の糸口になります。

② 全体から詳細へとブレークダウンする

最初は細部にとらわれず、おおざっぱな部分から把握を行い、続いて順次細かな勘定科目の分析へとブレークダウンしていく、つまり「全体から詳細へ」の流れをとることがポイントとなります。

③ 財務面からのヒントを糸口に、定性面の分析（事業調査）で深掘りする

財務分析は企業活動の結果数字を分析するものですから、その要因を調べるには、結果を左右する事業運営や外部環境など、非財務面の情報分析と関連づけて、総合的な判断を行っていく必要があります。

❷ 財務指標による分析

財務データを見る場合には、「財務指標」を活用することも有効です。財務指標は、事業者が置かれている状況を客観的で比較可能な数値として表すもので、事業者をさまざまな角度から見ることができます。金融機関担当者の目線でも、特に重要な視点は以下の３点です。

<財務分析における重要な視点>

①【収益性】儲かっているか
②【安全性】支払能力があるか
③【成長性】将来伸びていくか

以下では、実務上よく使われる財務指標について解説します。これらの指標は単体で算出するだけでなく、経年推移や業界平均・競合他社との比較というアプローチをすることで、より有用に活用することができます。業界の標準指標に関しては、日本政策金融公庫 Web サイトで公開している農業経営動向分析（※）等を参考にするとよいでしょう。

※日本政策金融公庫　農業食品に関する調査：
https://www.jfc.go.jp/n/findings/investigate.html

① 収益性分析

ある期間中に「儲かったか」を見る収益性分析では、売上に対する利益の比率を見ることが、最も わかりやすく身近な指標です。

ア．売上高総利益率

売上高総利益は、製品を販売することで得られる直接的な利益のため、「儲ける力」を測るのに最もよい指標です。

売上高総利益率（％）＝ 売上総利益／売上高×100（％）

イ．（売上高）経常利益率

経常利益は通常の経営活動から得た利益であるため、総合的な経営力を測るのに最適な指標です。

（売上高）経常利益率（％）＝ 経常利益／売上高×100（％）

ウ．（売上高）営業利益率

受取配当や支払利息などの営業外収益・費用を除き、本業のみの利益で見る場合は、（売上高）営業利益率を使うこともあります。

（売上高）営業利益率（％）＝ 営業利益／売上高×100（％）

図表2-17　売上総利益率、営業利益率、経常利益率

科目	金額	概要
売上高		製品販売による収入
農産物売上高 生物売却収入 作業受託売上高 価格補填交付金		*種別ごとに内訳を記す場合もある。
売上原価		製品の製造・仕入れにかかった費用
商品仕入高 期首製品棚卸高 当期製品製造原価 生物売却原価 △期末製品棚卸高		当期の売上に直接関わる費用を計上。 ※製造・仕入れをしたが在庫として残ったものは「期末製品棚卸高」として原価からマイナスする。
売上総利益		製品製造販売による直接の儲け （売上高－売上原価）
売上総利益率		*売上総利益÷売上高*
販売費・一般管理費		販売や管理のためにかかった費用
人件費 （うち役員報酬） その他		
営業利益		本業による儲け （売上総利益－販売費・一般管理費）
営業外収益		本業以外の財務活動等で得られた収入
営業外費用		本業以外の財務活動等にかかった費用
経常利益		毎期経常的に行う活動で得られる儲け
経常利益率		*経常利益÷売上高*

前節で示した、きのこ生産事業者の損益計算書の経年分析の例では、売上総利益率や営業利益率の経年変化を見ることで、問題点洗い出しのヒントにしました。大きく利益率がマイナスとなっている直近期だけ見るのではなく、以前は黒字であったこと、売上減に伴って赤字幅を広げてきたことを確認することで、改善の余地があるとわかりました。

図表２-18　きのこ生産事業者の損益計算書推移（再掲）

単位：百万円

	X-3期	X-2期	X-1期	X期	推移について
売上高	340	300	269	224	右肩下がりで減
売上原価	317	309	286	252	
売上総損益	23	−9	−17	−28	売上減に伴い X-2期より赤字
売上総利益率	*7%*	*−3%*	*−6%*	*−13%*	
販管費	21	22	19	18	X-1期より減
営業損益	2	−31	−36	−46	売上減に伴い X-2期より赤字
営業利益率	*1%*	*−10%*	*−13%*	*−21%*	

（参考）主要作物別収益性分析

複数の品目を生産する事業者において収益性を把握する場合、全体の利益率の分析だけでなく、主要生産品目別に把握することが必要となります。

その際、売上はもちろん、製造原価も作目別に割り出していく必要があります。使用目的が明確であり、直接に分類賦課が可能なものについては、それに従って作物別に賦課しますが、明確に分類できないものについては、作付面積や使用時間、売上高等により最適と思われる方法で按分し、賦課していくとよいでしょう。

図表２-19は作物別収益分析の一例です。使用する費用項目や作付

の分類については、各法人の状況などに応じて決めていきます。本例の事業者の場合、交付金や助成金が収入や利益の大きなファクターであることが理解できます。また、麦および大豆の総利益率の低さが全体の収益性アップの足かせとなっており、特に麦の総利益率は赤字すれすれとなっています。面積当たり収穫量をどう増加させていくか、製造経費や材料費を中心に製造原価をどう削減していくかが解決すべき大きな課題と考えられます。

※本例では、雑収入に計上されているもののうち、「作付助成交付金」など収益補てんの意味合いが強いものなどについては、雑収入から収益項目への組み換えを行います。

図表2-19　作物別収益性分析の例

作目		稲作	麦	大豆	作業受託	合計
耕作面積	ha	60	8	15	2	85
	比率	70.6%	9.4%	17.6%	2.4%	
延べ作業時間	時間	9,120	632	1,530	14	11,296
	比率	80.7%	5.6%	13.5%	0.1%	
科目						
農産物売上高	金額	77,100	720	1,500	2,854	82,174
	比率	93.8%	0.9%	1.8%	3.5%	
価格補填交付金	金額	7,402	914	2,595	0	10,911
作付助成交付金	金額	7,320	3,080	4,590	0	14,990
雑収入	金額	490	0	2,554	0	3,044
収入合計	金額	92,312	4,714	11,239	2,854	111,119
	比率	83.1%	4.2%	10.1%	2.6%	
仕入高		4,549				4,549
材料費	期首棚卸高	925	331	129	0	1,385
	種苗費	1,311	177	165	0	1,653
	肥料費	7,093	1,097	327	29	8,546
	農薬費	8,481	184	605	0	9,270
	その他	1,079	51	117	103	1,350
	期末棚卸高	902	191	117	0	1,210
材料費計	金額	17,987	1,650	1,226	131	20,994
	比率	85.7%	7.9%	5.8%	0.6%	
労務費	賃金手当	7,843	544	1,316	12	9,715
	法定福利費・福利厚生費	2,189	152	367	3	2,711
	作業用衣料費	274	19	46	0	339
	その他					0
労務費計	金額	10,306	714	1,729	16	12,764
	比率	80.7%	5.6%	13.5%	0.1%	
製造経費	作業委託費	3,374	234	566	5	4,180
	農具費	821	57	138	1	1,017
	修繕費	4,834	335	811	7	5,987
	動力光熱費	3,922	272	658	6	4,857
	支払地代	7,848	1,046	1,962	262	11,118
	減価償却費	6,294	839	1,574	210	8,917
	共済掛金	1,094	76	184	2	1,356
製造経費計	金額	28,187	2,859	5,892	493	37,430
	比率	75.3%	7.6%	15.7%	1.3%	
当期総製造経費		61,029	5,223	8,846	640	75,738
期首仕掛品棚卸高			837			837
期末仕掛品棚卸高			1,440			1,440
当期製造原価		61,029	4,620	8,846	640	75,135
同率（%）		66.1%	98.0%	78.7%	22.4%	67.6%
当期総収入対総利益		31,283	94	2,393	2,214	35,984
同率（%）		33.9%	2.0%	21.3%	77.6%	32.4%

図表２-20　作物別収益性分析　全体比率まとめ

項目	全体比率				
	稲作	麦	大豆	作業受託	合計
耕作面積当たり収入合計	1,539	589	749	1,427	1,307
延作業時間当たり収入合計	10	7	7	204	10
材料費／収入合計	19.5%	35.0%	10.9%	4.6%	18.9%
労務費／収入合計	11.2%	15.1%	15.4%	0.6%	11.5%
製造経費／収入合計	30.5%	60.6%	52.4%	17.3%	33.7%

図表２-21　（参考）生産コスト削減のための取組み例

費用（冬春作）			
農業経営費（千円／10ａ）		1,679	100.0%
	種苗・苗木	82	4.9%
	肥料	123	7.3%
	農業薬剤	76	4.5%
	光熱動力	322	19.2%
	農用建物	221	13.2%
	賃借料・料金	293	17.5%
	その他	562	33.5%
労働時間（時間／10ａ）		1,056	100.0%
	育苗	55	5.2%
	播種・定植	43	4.1%
	施肥・防除	66	6.3%
	管理	355	33.6%
	収穫・調製	368	34.8%
	出荷	100	9.5%
	その他	69	6.5%

主要な取組
●共同育苗の利用
●養液の単肥配合 ●土壌診断に基づく適正施肥
●物理的防除（防虫ネット等の活用） ●病害抵抗性品種の導入
●省エネ設備（多段式サーモ装置、循環扇、多層カーテン等）の導入 ●加温機の清掃・点検 ●ハイブリッド加温機の利用
●低コスト耐候性ハウスの導入
●共同利用施設（選別・包装等）の利用
●共同育苗の利用
●物理的防除（防虫ネット等の活用） ●病害抵抗性品種の導入
●花粉媒介昆虫の利用 ●単為結果性品種の利用 ●高軒高ハウスを利用したハイワイヤー誘引栽培
●共同利用施設（選別・包装等）の利用

資料：農林水産省「品目別経営統計」

※　効率性分析について

「企業が資産をいかに効率的に活用して収益を獲得したか」という観点の『効率性分析』が有効な場合も多いです。例えば、収益力が高くてもそもそも過大な投資をしていたり、収益があっても現金化がなかなかできないような状態であれば、経営状況としては好ましくないと考えられます。

通常、効率性は「回転率」や「回転期間」という考え方をします。いずれも表現方法が異なるだけで、考え方は先に示した通り同じです。

総資本回転率（%）＝通期売上高／総資本（負債＋自己資本）×100%

→総資本に対してどれだけ売上を上げることができたのかを表す。

売上債権回転期間（日）＝ 売上債権／通期売上高×365

※　売上債権＝売掛金＋受取手形

買掛債務回転期間（日）＝ 買掛債務／通期売上原価×365

※　買掛債権＝買掛金＋支払手形

棚卸資産回転期間（日）＝ 棚卸資産／通期売上高×365

※　棚卸資産の中でも「製品（商品）」のみに着目した「製品（商品）回転期間」等も同様。

→いずれも、売上や売上原価の何日分が残っているのかを表す。

売上債権回転期間が長い＝現金化までの期間が長い（効率が悪い）

買掛債務回転期間が長い＝支払いまでの期間が長い（効率が良い）

棚卸資産回転期間が長い＝大量の在庫を抱えている（効率が悪い）

② 安全性分析

究極的には、企業経営の安全度を見ることは、債務の支払いを滞らせずにできるかを診断することと言えます。そこで、短期・長期両面で支払能力を見ることが安全性分析のポイントです。

ア．短期的支払能力を見る指標：流動比率

流動負債（１年以内に返済が必要な負債）に対する流動資産（１年以内に現金化できる資産）の比率＝流動比率をみることで、短期的な支払能力を見ることができます。一般的には、100％以下では注意が必要とされています。

流動比率（％）＝ 流動資産／流動負債×100（％）

特に農業においては、収入が一定期間に集中する場合が多いため、資金管理をしっかり行わないと支払能力不足に陥る危険性が高いため、流動性には特に留意する必要があります。

※　流動比率より厳密に支払能力を測る「当座比率」を使う場合もあります。当座比率は、流動資産から、すぐに現金化できない「棚卸資産」を除いた「当座資産」を分子とします。

当座比率（％）＝ 当座資産／流動負債×100％

イ．長期的支払能力を見る指標：自己資本比率

総資本に占める自己資本の割合である自己資本比率が高いことは、返済不要の資金で経営できており、長期的に安全だと言えます。

自己資本比率（％）＝ 自己資本／総資本×100（％）

前節のきのこ生産事業者について、図表2-15貸借対照表を参考にして上記指標を算出すると、以下の通り安全性が極めて低いこと、また経年で徐々に悪化していることがわかります。

【流動比率】　X-2期 162.5％　X-1期 29.7％　X期 20.4％

【自己資本比率】　X-2期 ▲1.0％　X-1期 ▲2.8％　X期 ▲40.4％

※債務超過

③ 成長性分析

売上や利益、また生産量の伸び率を見ることで、経営の拡大・発展度合を分析することができます。

売上高増加率（%） ＝ 当年度売上高／前年度売上高×100（%）

経常利益増加率（%） ＝ 当期経常利益／前年度経常利益×100（%）

生産量増加率（%） ＝ 当年度生産量／前年度生産量×100（%）

反収増加率（%） ＝ 当年度反収／前年度反収×100（%）

前節のきのこ生産事業者の場合は成長率がマイナスのため、これらの指標の検証にあまり意味はありませんが、一般に業種平均の伸び率と比較をすることで、当社の成長性の参考になることが多いです。

１点注意すべきなのは、財務指標は「ある一時点における事業者の状態」を表すものであり、事業者の強みや課題、また今後の方向性を明らかにするための小さなヒントに過ぎないということです。例えば、仮に「競合と比較して当社は収益性が低い」「支払能力に不安がある」などの事実が判明したとしても、「なぜそうなのか」「改善の余地はあるのか」といった当社の置かれた実情と併せて理解しなければ、本当の"実態把握"になりませんし、ましてや融資可否の判断には結びつけるべきではありません。

そのため、前節で説明した経年推移分析や事業（定性）面の分析を行うなかで、あくまで補助的な情報として財務指標分析を活用するべきだと言えます。

3 損益分岐点分析

損益分岐点分析とは、ある費用構造を前提とした場合の「売上と費用が等しくなる売上高（損益分岐点売上高）」を算出するもので、言い換えれば「いくら以上の売上があれば儲かるか」を明らかにする手法で、以下の計算式で求められます。

損益分岐点売上高＝固定費÷限界利益率

※固定費……売上に連動せず、固定的にかかる費用（人件費、地代など）

※限界利益率＝限界利益÷売上高

※限界利益＝売上高－変動費

※変動費……売上に連動して変動する費用（種苗費、肥料費、作業委託費など）

具体的な例で見てみましょう。

図表２-22　赤字事業者の損益計算書サンプル

科目	金額・率	概要
売上高	100	※営業活動による純粋な売上の他、生産規模に応じて比例的に増減する収益（作付助成収入）を含む
変動費	50	売上に連動して変動する費用
限界利益	50	売上高－変動費
限界利益率	*50%*	*限界利益／売上高*
固定費	70	売上に連動せず固定的にかかる費用
利益	－20	売上高－すべての費用 ※営業利益や経常利益など

上の表は、ある事業者の損益計算書を表しており、当社は△20の赤字を出しています。赤字を解消するためには売上を上げるかコストを下げる必要がありますが、変動費、固定費ともにコスト削減をしない

場合は、いくらの売上を達成すれば、黒字に持っていけるでしょうか？

固定費70÷限界利益率50％＝140…損益分岐点売上高

この場合、損益分岐点売上高は140ですから、現在から40の売上アップが必要となることがわかります。

こうした損益分岐点売上高の算出は、実際には、例えば以下のように経営者と改善の可能性について対話する場合などに活用することができます。

<経営者との対話における損益分岐点分析の活用例>

金融機関担当者：「社長、コスト削減の余地はまったくないのでしょうか？」
社長：「これ以上のコスト削減は難しいんです」
金融機関担当者：「しかし、今のままのコスト構造ですと売上を40％もアップしないと黒字化しませんが、達成できますか？」
社長：「……そうですね、いきなり40％アップは無理です……」
金融機関担当者：「でしたら、もう少しコスト削減をよくよく検討してみませんか。例えば、●●費と××費を10％ずつ削減すれば、損益分岐点売上高は120になりますから、黒字化が現実的になるのではないですか……」

損益分岐点分析をする際の留意点としては、ケースに応じて費用を変動費と固定費に分類する必要があることです。決算書上の仕訳とは連動しない場合も多く、売上原価のなかでも「材料費」や「外注費」などは変動費、社員として雇用している人員の「労務費」や製造経費に分類される「農具費」「地代」「減価償却費」のような費用は固定費になりますし、販管費のなかでも「荷造運賃」のような費用は変動費に分類されることがあるため、注意します。

また農業の場合、純粋な売上高以外に、生産規模に応じて得られる助成金・交付金（作付助成収入）があるため、これらも前述の解説における「売上高」に含んで考える必要があります。

【参考文献】

・古塚秀夫・高田理著「改訂 現代農業簿記会計」農林統計出版、2012年
・一般社団法人 全国農業経営コンサルタント協会・公益社団法人 日本農業法人協会編「農業の会計に関する指針」、2014年

第3章

事業面の診断の重要性

前章では決算書数字の見方を解説してきましたが、数字を見ただけでは対象事業者の事業の良し悪しを判断するには不十分です。一般にM&Aや投資など、企業の経営状況を把握しなければならない局面では必ず財務デューデリジェンス（※）および事業デューデリジェンス（※）が行われますが、同様に、決算書による財務分析と表裏一体で事業面の診断を行うべきです。特に、融資審査の場面では「将来、返済原資となるキャッシュフローを生むことができるのか」という観点で企業・事業を見る必要があるため、現時点までの結果である財務面の分析に加え、ビジネスとしての将来性はあるか、またそれを支えるオペレーション体制があるかについて把握することが不可欠です。

以下では、決算書の見方をより充実させる事業診断を行うために有用な視点を解説します。

※ 「詳細に調査する作業」または「適正な価値を評価する作業」の意味で、デューデリジェンスと呼びます。

1 ▶ ビジネスモデルから儲けの源泉を把握する
―「いいものを作ること」だけが農業ではない―

農業といえどもビジネスですから、必ず事業者ごとに「ビジネスモデル」があり、それを把握することはその事業性を見極めるうえで初歩の初歩といえます。ビジネスモデルとは、実務上は「どこから仕入れてどこに販売するのか。その時のお金の流れやモノの流れ、またその取引先ごとの金額やシェア」のことを指します。こうした内容については、事業者からのヒアリングや、販売先や仕入先ごとの取引額一覧などの資料を提出してもらうことでわかってくるはずです。例えば次の図のように把握していきます。

図表3-1　ビジネスモデル図の例

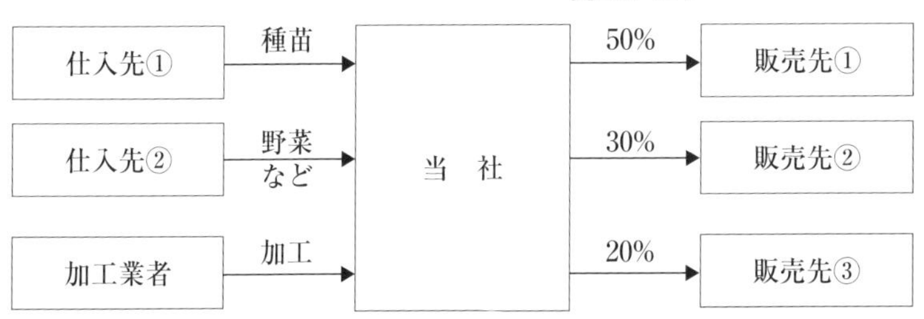

気をつけなければいけないのは、ビジネスモデルの本来の意味は「収益を生み出す（儲ける）仕組み」であり、そこには事業者が生き残るために選択してきた経営戦略が表されているものだということです。農業といえども、よい農産物を作っていれば成り立つというものではなく、よいものを「よい流通ルートに」「よい形で売って」「その結果、儲けを最大化する」経営戦略が必要です。そして、ビジネスモデルを把握することは、農業法人に限らずどんな企業でも経営を把握する第一歩なのです。

この時、単に物流や商流として認識するだけでなく、「なぜその販売先に売っているのか」「なぜその仕入先からの仕入れが多いのか」などに注意しながら見ていくことで、「当社がなぜ儲かるのか（儲からないのか)」の手がかりがつかめます。

特に、従来は特殊な規制・制度によって流通経路が限定されていた農産物でも、現在では法改正等により多様化しています。米はよい例でしょう。2004年の食糧法改正に伴い本格的に流通が自由化され、生産者から単位農協などを通さずに直接消費者への販売（直売所、通販など）や、卸売業者や外食事業者等に販売する形態が増えています。最近では、ふるさと納税の特産品という販売ルートを確立しているケースも聞きますし、まさに事業者がどのような販売先を開拓するか、つまりどんなビジネスモデルを構築するかがビジネスの成否に大きな影響を及ぼす要素と言えます。

以下に、農業法人のビジネスモデル図の例をあげます。主要な販売先や仕入先およびそのシェア、また複数事業を行う場合はその内容やシェア、特徴などを図や表で把握するとわかりやすいでしょう。

図表3-2　果樹生産および加工販売事業者のケース

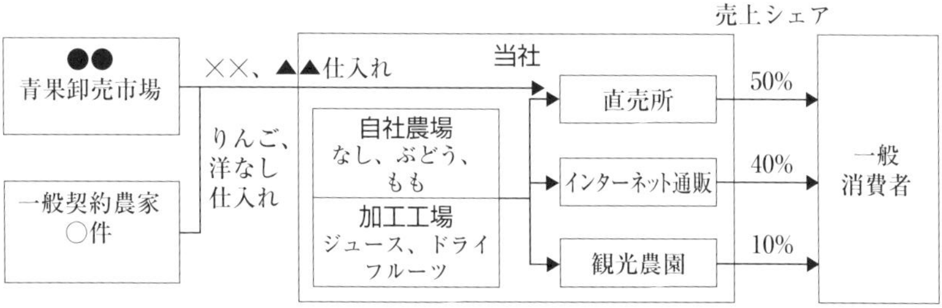

売上シェア
●●
青果卸売市場
××、▲▲仕入れ
当社
直売所
50%
自社農場
なし、ぶどう、もも
りんご、洋なし仕入れ
一般契約農家○件
インターネット通販
40%
一般消費者
加工工場
ジュース、ドライフルーツ
観光農園
10%

商品別売上（百万円）

商品種別	売上	売上シェア
もも	36	31.6%
ぶどう	22	19.3%
なし	20	17.5%
その他果物	14	12.3%
もぎとり	15	13.2%
加工品	7	6%
合計	114	100%

【特徴】

- 自社農場で生産した果樹の半数は直売所経由で販売している。
- 生産物の品質は高く、ネット経由でのリピーターも多い。
- 加工品も取り扱っているが、収益貢献度は低い。
- 直売所で取り扱うため、市場や契約農家からの仕入れも行っている。

◆**金融機関担当者目線での注意点（図表３－２　果樹生産事業者のケース）**

当社は、生産物の品質が高いことなどから、直売所やインターネットによる直販を主な流通ルートとして確立できていることが強みである。これは、今後のさらなる成長につながる可能性がある。一方、加工製品の製造や観光農園も手がけているが、これらの売上シェアは小さく、工場設備の稼働率や製造コスト、在庫、運営コスト（労務費等）によっては不採算部門として事業のネックとなっている場合もあるので注意する。

図表３－３　きのこ類生産事業者のケース

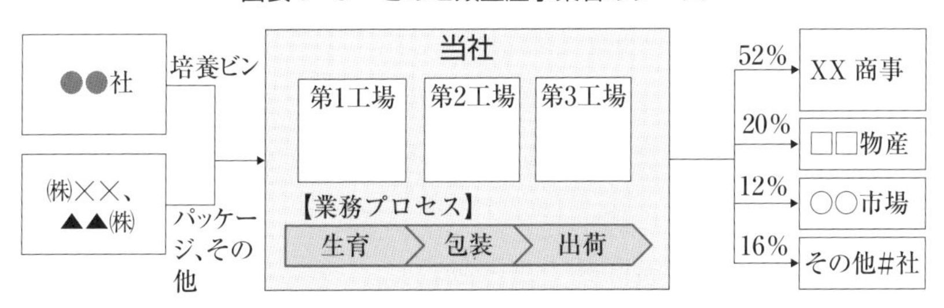

【特徴】

- 販売先は上位３社で84％を占めている。特に XX 商事は52％と大きく依存している。
- 生産した全量すべてを売り切れる販売ルートを確立している。
- 培養ビンは●●社１社からの仕入れであり、売上は培養ビンの仕入数量に依存している。（●●社での培養状況が悪く仕入減となった場合に売上減に直結。外部環境に左右されやすい）

◆**金融機関担当者目線での注意点（図表３－３　きのこ生産事業者のケース）**

売上シェア52％の主要顧客・XX 商事があることは、売上安定につながることもあるが、１社依存による急激な売上減リスクもあるため注意が必要である。例えば、今から販売先の分散のための手を打つことはできないか？　万が一XX商事との取引がなくなった場合の販売先確保について確認することなどが有効である。

また、生産した全量を売り切れるルートを持ちながら、生産量（売上）が培養ビンの仕入量に依存していることも大きなリスクとなっている。こちらも、●●社の培養段階での品質管理状況などとともに、リスク対策等を検討しておくべきである。

2 ▶ 農業経営におけるオペレーションの実態把握

事業診断でもう一つ重要なのが、オペレーション面の実態把握です。これは、ビジネスモデルに基づき、実際にどのように業務を行っているのか、そこにどのような強みや問題点があるかを見ていく作業です。

1 「経営力」の視点は商工業と同じ

農業の場合、「オペレーション＝営農技術や手法。専門家でないとわからないのでは」と考えがちですが、農業経営には「技術力」と「経営力」の両面が必要であり、その意味では商工業の企業を見る場合と変わりません。

「経営力」とは具体的には、マーケティングや営業、原価管理、人事・組織づくり、経営管理体制など、いわゆるバリューチェーン（※）のフレームにおけるプロセスごとにスムースな運営がされているかがポイントになります。すばらしい技術を持っている経営者でも、ずさんな経営管理などにより業績が芳しくない例も多くあります。

農業の場合は「農業特有の会計処理」や「天候による影響」や「補助金」など、商工業にはない特殊な要素がからんでくるのも事実ですが、基本的には通常の企業経営の視点による分析は有効です。

※　バリューチェーン（価値連鎖）とは、企業の活動を「価値を付加していく各工程」に分解し、マージンを大きくできる（付加価値を高める、コスト削減できる）プロセスがないかを分析するフレームである（図表3-4参照）。

図表3-4　バリューチェーンから見る農業のオペレーション分析の視点例

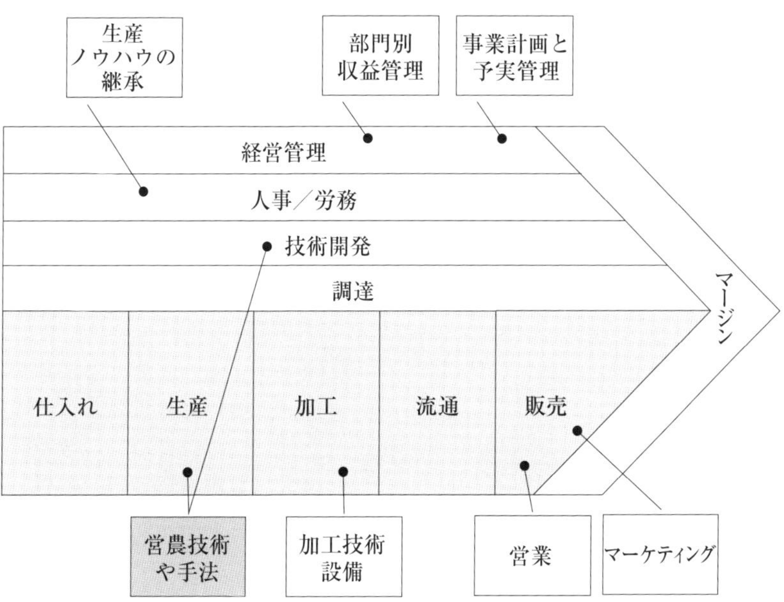

〈営農技術・手法も、バリューチェーンの一工程の分析項目に過ぎない〉

実際に私たちがコンサルタントとして経営改善に関わった農業法人の例でも、少なからず「経営力」と言える一般的な事業運営面で大きな問題を抱える事業者がほとんどです。以下に、きのこ生産を行う農業法人の強み・弱みの例を示します。

図表3－5　きのこ類生産事業者の強み・弱みの例

分類	強みの例	弱み（問題点）
販売・営業	●独自の販売ルートを確立し、生産全量販売が可能	●営業力が弱く、価格決定については販売先が有利になっている。
生産	●緻密な生産計画による生産ができている。 ●複数ある拠点を少人数で回り、効率よく生産できる体制ができている。	●品質は不安定で、目標生産量を安定的に生産できない。 ●安価な備品に変更したことで生産量減につながっている。 ●計画と実績の管理がずさんで、検証ができていない。 ●品質トラブル時の対策を標準化できていない。
研究開発		●実験結果を体系的に管理していないため、ノウハウ蓄積につながっていない。
人事・組織		●社内に栽培・工場運営管理に詳しい人材が不足している。
経営管理		●運営は現場任せで、タイムリーな情報把握や管理ができておらず、計画未達成につながっている。 ●業績がよかった時期の過大投資や借入金増大により資金繰りに追われている。

上記の例でもわかるように、収量や品質といった生産に関わる問題でも、データ管理や標準化不足、また人員不足やノウハウ蓄積への意識が薄いことなど、本質的には管理体制不足が真因となっていることも多いのです。技術力の一方で、一般的な「経営力」と言えるオペレーションの現状を把握することは、企業のポテンシャルを見極めるうえで大変重要なポイントだと言えます。

❷「技術力」の評価

個別の営農類型についての専門知識を持つことが難しい金融機関担当者の立場において、技術力についてはどのように評価すればよいでしょうか。専門的な内容まで詳しく理解しておくことは困難ですが、営農技術の結果である「品質」や「生産性」を以下のポイントから情報収集することで一通りの評価をすることができます。

図表3－6　技術力の評価方法

	対　象	評価方法
①	品　質	生産された農産物が売れているか、顧客からの評判等のヒアリング、現地視察
②	生産性	業界平均や競合他社数値との比較

①　品質面の評価方法

農産物は大抵の場合、品質と売行きは密接な関係性があるものですから、販売状況を確認することで品質面の評価につながっていきます。具体的には、社長へのヒアリングだけでわかることも多いものです。「●●の売行きはどうですか？」と聞いてみてください。「これね、売れているんですよ！　すごくおいしいって評判で、口コミでお客さんが増えているの。ぜひ食べてみて欲しいなぁ」このように、社長は、売れているもの、高品質で評判のよいものについては喜んでお話されるはずです。

そのなかで「なぜそんなにおいしいのですか？　他の農家さんのものとどこが違うんですか？」などと深掘りすることで、その裏にある技術についてもわかってくるはずです。逆に、質が悪いものについてはあまり話を聞けないかもしれませんが、直売所を持つようなビジネスモデルの場合、店舗での売行き確認や、顧客や販売員へのヒアリングをすることも有効です。ネガティブな話は積極的にしてくれない可能性はありますが、「どのようにしたらもっとよくなると思いますか？」と前向きな視点で会話することで、問題点が見えてくることがあります。

② 生産性の評価例

例えば「生産単位あたり」「労働時間あたり」の「収量」「売上」などについて、他社との比較をすることで、生産性の一つの判断材料になります。比較対象となる数値は、インターネットで公開されている統計資料から全国または地域ごとの平均値などの情報を入手することができます。

下記に、生産単位あたりの生産量の比較をヒントにした分析と改善策検討の例を示します。

図表３－７ 宮城県の水田作経営の例：反収の比較

作目	品種	当社反収（kg）	標準反収（kg）（全国）	標準反収（kg）（宮城県）
水稲	ササニシキ	505	536	559

＊標準反収は、農林水産省・作物統計調査より

●全国、宮城県との比較においては低い水準である。
●当社では環境保全米や減農薬米を生産しているため反収が低くなる傾向がある。
●圃場によって反収にバラツキがあり、極端に低い圃場が全体の反収を低下させている。
→【解決案】
圃場ごとの反収把握を行い、土壌改善等の改善策を講じる。
改善が難しい条件の田については、転作等を含めて検討する。

※反収……一反（約10アール）あたりの収穫高

図表3－8　酪農経営の例：搾乳頭数1頭・1日あたりの乳量比較

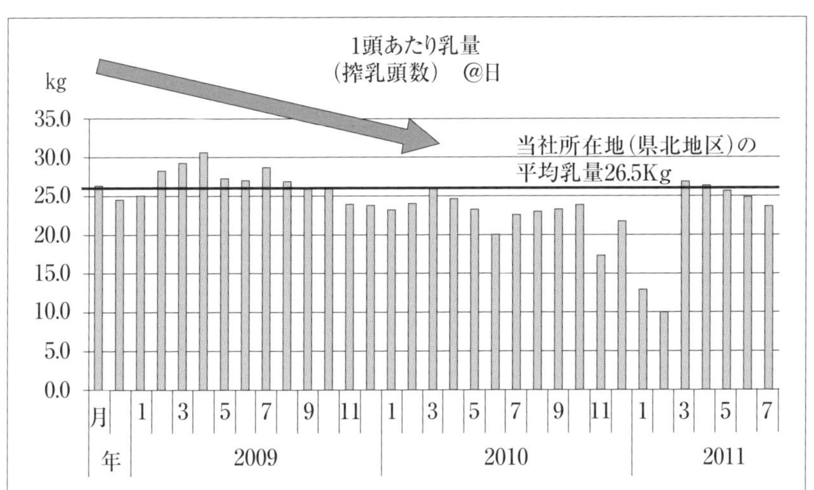

＊県北地区の平均乳量は、県酪農業協同組合公表データより

● 1頭あたり乳量は逓減している。
●2009年以降は、地区の平均乳量を下回る状態になっている。
●乳量減の要因は、資金不足により導入する個体を初任牛から高齢の経産牛に変更したためと考えられる。

→【解決案】

一時的な資金繰りを優先する「高齢・経産牛の導入」が業績悪化の悪循環となっているため、資金調達をして初妊牛比率を高め乳量増による損益分岐点売上確保を図る。

※搾乳頭数……搾乳可能な状態にある個体の頭数
※初妊牛……初産を迎えていない牛
※経産牛……1回以上のお産を経た牛。初任牛よりも安価

例に示したように、こうした見方をすることで「営農手法や技術には問題がありそうか」という大づかみな評価はできます。しかし、「改善するにはどうしたらよいか」「社長が行っている手法で本当に成功するのか」といった専門的な内容にまで踏み込む場合には、やはり専門家からのアドバイスをもらう必要があります。

また、農業における技術面で認識していなければならないポイント

は、天候や生物を相手とする農業の場合、商工業のようにきれいに計画どおりにいかないケースが多く、新しい取組みをした場合に「黒字化するのに時間がかかる」ということです。例えば、土壌改良には長期間を要します。日本政策金融公庫による調査（※）では、企業の農業参入において参入までの準備期間は約1年8ヵ月、うち44.2％がその期間の取組み内容は「農地確保・土壌改良」と回答し、「土壌改良の必要があることが判明し、作付までに想定外の時間と費用を要した」との聞き取り結果が見られます。また、その環境に応じて施肥量や時期を調整し決定する必要がありますが、「最適条件」を探し当てるのに時間がかかるといった事情もあります。

そして、こうした点で黒字化の成否に大きく影響するのはやはり技術やノウハウであり、かなり突っ込んだ部分については専門家に委ねるとしても、金融機関担当者としてもいくつも場数を踏みながら大雑把な見極めができるよう目線づくりをしておくことは大変重要であると言えるでしょう。

※　日本政策金融公庫　平成24年1月26日ニュースリリース

3 ▶ 外部環境の把握

ここまでは企業・事業の内部環境を見てきましたが、今後の方向性を見極めるためには外部環境も把握しておく必要があります。外部環境把握のポイントは、「市場」「顧客」「競合」の動向から、当社にとっての「機会」「脅威」を整理することです。市場や顧客動向については、農林水産省などの統計データから、競合については統計データや近隣の他社の取組みなどを参考にします。

以下の表では例として、ビジネスモデルでも取り上げたきのこ類生産事業者の外部環境を整理してみます。

図表3－9　きのこ類生産事業者の外部環境の例

現状・動向		当社への影響	
		機会	脅威
市場	ここ30年では経年で市場全体の生産量は増加。近年では微増または横ばいである。		今後は自然増は見込めない可能性がある。
	価格は経年で下落傾向にあったが、近年は下げ止まりの状態である。	相場の落ち着きにより採算ラインの価格での取引が可能になる。	
顧客	きのこ類の消費量、消費金額は、季節変動はあるが毎年安定的である。	年ごとの消費量のブレに左右されることがない。	
競合	同業生産者数は経年で減少している。	当社シェアを伸ばせる可能性がある。	
	大手企業が効率的・量産体制を武器に生産を増やしている。		価格下落につながるおそれ シェアを奪われるおそれ

図表３-10　（参考）きのこ類の生産数量推移グラフ

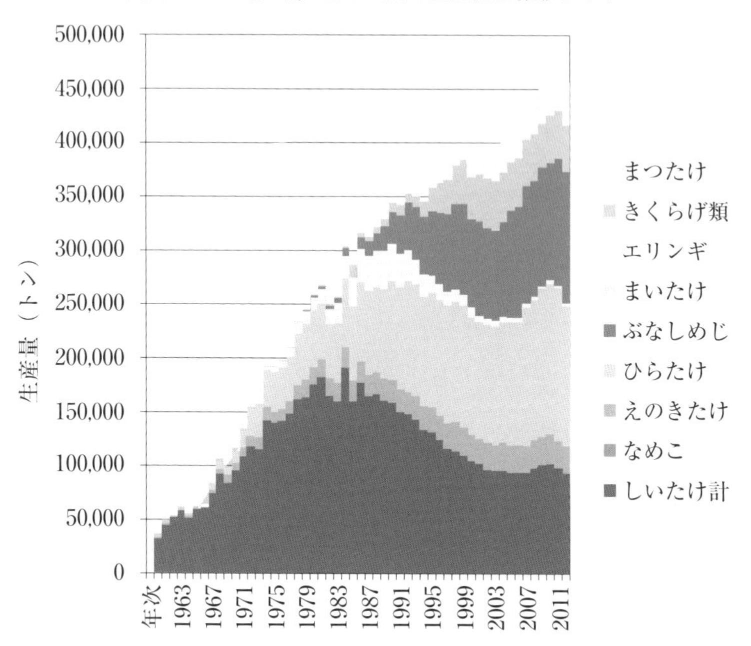

※農林水産省　特用林産物生産統計調査をもとに加工

図表３-11　（参考）きのこ類の消費量・消費金額の推移グラフ

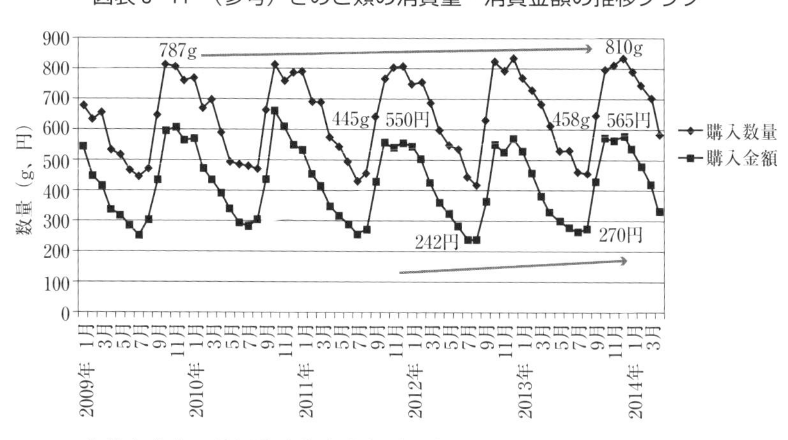

※農林水産省　特用林産物生産統計調査をもとに加工

参考としてグラフを載せたように、方向性策定においてミスリードを防ぐためにも、ヒアリング等による主観的な内容ではなく、できるだけ客観的なデータや情報を示してみるのがよいでしょう。

4 ▶ その他おさえておきたい視点

最後に、上記以外に実態把握する際に注意が必要なポイントとして「補助金」と「粉飾」について解説します。

1 補助金に依存する不安定な収益構造になっていないか

農業経営では、補助金・助成金に類する収入が多く、その種類も販売数量に応じた価格補填金、作付面積に応じた作付助成金、飼料価格高騰を補う飼料補填金、それ以外の一般補助金、また本業以外の雇用関連の助成金も含めれば多岐にわたります。

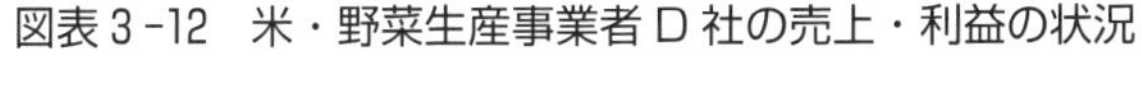
図表3-12　米・野菜生産事業者D社の売上・利益の状況

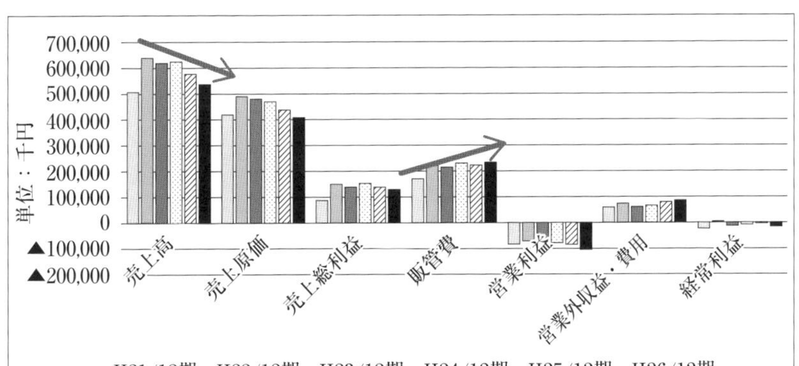

- 売上は減少している一方販管費を増加させており、営業利益はマイナス幅を広げている。
- 一方で、多額の補助金（営業外収益）で補填する構造となっているが、カバーしきれず経常損益で赤字状態である。

現実には、こうした国による農業支援ありきで収益力と考える場合は多いですが、国の施策の動向や、企業が実際に受給している補助金の内訳をよく確認し、今後も経常的・安定的な収入として考えてよいのかという観点で診断をすべきです。

図表３-13は、米や野菜の生産事業者Ｄ社の補助金受給について分析した例です。

図表３-13　米・野菜生産事業者Ｄ社の補助金受給推移

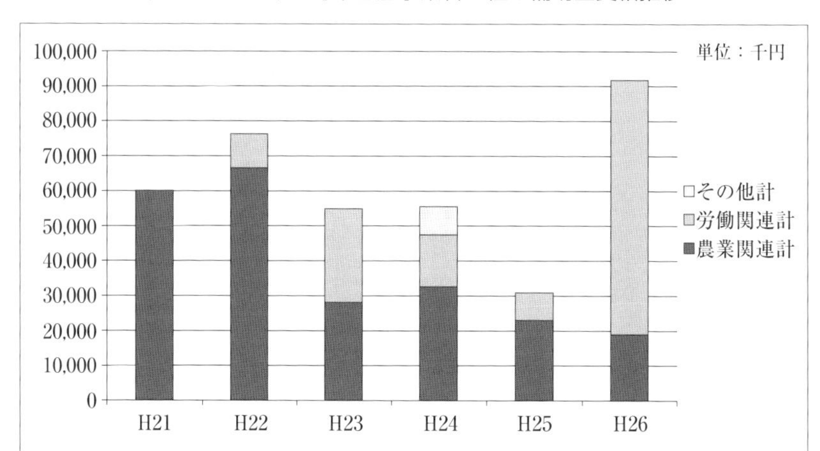

- 農業関連は、「個別所得保証交付金」「麦・野菜奨励金」「産地づくり交付金（平成21年まで）」など
- 労働関連は、「雇用助成金」「トライアル・実習型雇用助成金」など
- その他は、機械導入に係る補助金や産学連携研究費など
- 多大であった農業関連の補助金が激減している。
- その分を労働関連やその他助成金で補完してきた。直近期については、雇用助成金で多額の計上をしている。
- 実際に内訳・内容が変化してきているように、既存の補助金は継続的に保証されるものとは言えず不安定であり、今後は補助金に依存しない方向での改善を進めるべきである。

❷ 粉　飾

農業に限ったことではありませんが、企業・事業の実態把握をする際、粉飾の有無には注意が必要です。一口に粉飾と言っても、主に図表3-14のような種類があります。

図表3-14　粉飾の種類と主な手口

種　類	決算書の操作内容	目　的
利益を過大に見せる	●架空売上と売掛金増 ●売上先行計上（翌期売上を今期計上） ●棚卸資産の水増し	金融機関や取引先などステークホルダーの与信獲得
利益を過小に見せる	●架空仕入れ	税金逃れ
その他	（ケースに応じる）	資金の個人流用

上記以外に、粉飾とまでは言えませんが減価償却不足によって利益を水増しして見せているケースなどもあります。

粉飾を決算書や試算表のみで見抜くのは難しいですが、以下のようなポイントで不自然な点がないかをチェックすることが第一です。

① 売上が上がっているのに原価が下がっているなど、損益計算書上で不自然な点はないか。

② 売上債権、買掛金、商品回転期間の急激な変化がないか。

③ 損益とキャッシュフロー（資金繰り）との乖離がないか。

④ 市場、顧客、競合の動向、一般的な単価などと比較して不自然な点はないか。

特に、損益計算書や貸借対照表を粉飾しても、現預金の操作がない限り（※）キャッシュフローは実態を表していますので、上記③にキャッシュフロー計算書や資金繰り表を確認し「利益が出ているのに資金が増えていない」など不自然な点がないかを見ることは有効だと言えます。

※　あるケースでは、期末に現金を知人から借りてきて口座に振り込み翌期初に返済するという手口で、期末現預金残高の操作をしていました。

下記に、酪農業Ｅ社の粉飾の例を示します。Ｅ社は、経営者が会社の資金を個人的に流用していました。粉飾の手口は、飼料の架空仕入れによる費用水増しを行い、その分の現預金を社長個人でまわしていたものです。このことは、当期の飼養頭数に対し飼料費が高止まりしていたこと、また当期の飼料費単価や頭数から試算した理論値と実績

図表３-15　酪農業Ｅ社　飼料費実績・試算値の比較

			X-2期実績	X-1期実績	X 期実績
①	飼料費実績	(千円)	35,706	42,063	43,857
②	飼料費試算値(平均頭数④×1頭あたり飼料費単価⑤×365日)	(千円)	35,826	42,293	35,098
③	実績①ー試算値②	(千円)	−120	−230	8,759
④	平均頭数	(頭)	82	96	80
⑤	1頭あたり飼料費単価	(円)	1,197	1,207	1,202

※平均頭数や１頭あたり飼料費単価は、会社資料より調査

- Ｘ期の飼料費は、頭数に対して高水準となっている。
- Ｘ期の飼料費実績を、頭数・飼料費単価から算出した試算値と比較した場合も不自然な乖離が見られる。

との乖離から明らかになりました。また、別の期には利益水増しのため、架空売上による売上操作を行っていましたが、これも同様に、乳価×乳量の売上試算値との乖離がヒントとなりました。

このように、「飼養頭数」や「仕入単価」「販売単価」などとの不整合が粉飾を見抜くきっかけとなることもあるのです。

図表3-16 酪農業E社 売上実績・試算値の比較

			Y-2期実績	Y-1期実績	Y期実績
①	生乳売上実績	(千円)	65,333	69,524	72,286
②	売上試算値(平均乳価④×乳量⑤)	(千円)	66,509	70,250	67,680
③	実績①－試算値②	(千円)	－1,176	－727	4,606

④	平均乳価	(円/kg)	89	95	94
⑤	乳量	(kg)	746,457	738,700	720,000

- Y期の売上実績は、乳価×乳量により算出した試算値と乖離している。
- Y期は、売上の水増しを行っていた。

第４章

戦略策定、経営改善への取組み

前章までに見てきた財務分析、事業分析を行うことで事業者の現状（問題点や改善の必要性など）が見えてきたら、改善の方向性策定などにつなげていくことができます。もちろん、金融機関担当者自身が単独で方向性の策定をすることは少ないと思いますが、こうした考え方を身につけることで、整理した情報をもとに経営者と対話し今後の経営改善への支援（金融機関のコンサルティング機能の発揮）ができますし、将来的には融資実行につながる可能性も高くなります。

ここでは、前章までにも取り上げてきた「きのこ生産事業者（便宜上Ｆ社と呼びます）」の例を使いながら、財務・事業分析から見えた現状の情報から、方向性の見極め、そして計数計画への落とし込みまでの流れを解説します。

1 ▶ 経営戦略づくり（方向性の見極め）

1 財務・事業分析からわかった情報の整理

はじめに、Ｆ社の財務・事業分析の結果からわかった情報を整理します。

※下記結果に至ったＦ社の財務分析、事業分析のプロセスについては、第２、３章で解説しています。

図表４－１　きのこ生産事業者Ｆ社の財務分析

単位：百万円

	X-3期	X-2期	X-1期	X期	推移について
売上高	340	300	269	224	右肩下がりで減
売上原価	317	309	286	252	
商品売上原価	34	30	34	45	
製品製造原価	283	279	252	207	
売上高製品製造原価率	*83%*	*93%*	*94%*	*92%*	
材料費	178	163	152	126	
売上高材料費率	*52%*	*54%*	*57%*	*56%*	
労務費	47	52	45	41	
製造経費	58	62	53	41	
期首仕掛品棚卸高	5	5	3	1	
期末仕掛品棚卸高	5	3	1	2	
売上総損益	23	−9	−17	−28	売上減に伴い X-2期より赤字
売上総利益率	*7%*	*−3%*	*−6%*	*−13%*	
販管費	21	22	19	18	X-1期より減
役員報酬	2	2	2	1	
販売手数料	18	19	16	17	
その他	1	1	1	1	
営業損益	2	−31	−36	−46	売上減に伴い X-2期より赤字
営業利益率	*1%*	*−10%*	*−13%*	*−21%*	

※ここでは、簡易化するため損益計算書のみの分析を取り上げていますが、実際は貸借対照表・キャッシュフロー計算書分析から主要な問題点が洗い出されることも多いです。

<財務分析から判明した事実>

①売上が右肩下がりに減少している。

- 創業後しばらくは売上が安定していたのだが、X-2期には雑菌繁殖の影響で販売できる量が減ってしまった。
- その後、X-1期、X期にも、ハエの大量発生、バクテリア発生などが連続して発生し、さらに売上を落としてしまった。
- 実は当社は、もともときのこ栽培のノウハウをあまり持たないまま起こした農企業であった。
- 当初はビギナーズラックでうまくいっていたのだが、衛生管理面の不十分な対応が裏目に出て、近年は毎年のように問題を起こして売上を激減させてしまった。

②売上減の一方で原価（材料費）が下がっておらず、売上総利益率は悪化の一途をたどっている。

- 毎年、前期並みの売上を目指して材料を仕入れていたが、上記理由で栽培がうまくいかずに売上につながらなかった。仕入れが先に立つ構造のため、売上減に応じて材料費を減らすことができなかった。

③売上減の一方で、販管費は大部分を占める「販売手数料」がほとんど下がっておらず、営業利益は悪化の一途をたどっている。

- 売上の52％を占める主要販売先がXX商事だが、XX商事には「出荷手数料」を支払うビジネスモデルである。
- 生産量が減るとXX商事以外への出荷量を抑制しXX商事への販売は維持していたため、出荷手数料が減らない構造となっている。

図表4－2　F社のビジネスモデル

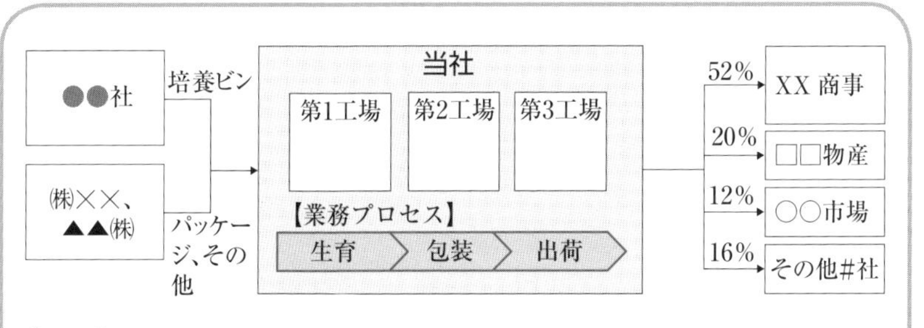

【特徴】

- 販売先は上位３社で84%を占めている。特に XX 商事は52%と大きく依存している。
- 生産した全量すべてを売り切れる販売ルートを確立している。
- 培養ビンは●●社１社からの仕入れであり、売上は培養ビンの仕入数量に依存している（●●社での培養状況が悪く仕入減となった場合に売上減に直結。外部環境に左右されやすい）。

図表4－3　F社を取り巻く外部環境

現状・動向		当社への影響	
		機会	脅威
市場	ここ30年では経年で市場全体の生産量は増加。近年では微増または横ばいである。		今後は自然増は見込めない可能性がある。
	価格は経年で下落傾向にあったが、近年は下げ止まりの状態である。	相場の落ち着きにより採算ラインの価格での取引が可能になる。	
顧客	きのこ類の消費量、消費金額は、季節変動はあるが毎年安定的である。	年ごとの消費量のブレに左右されることがない。	

競合	同業生産者数は経年で減少している。	当社シェアが伸ばせる可能性がある。	
	大手企業が効率的・量産体制を武器に生産を増やしている。		価格下落につながるおそれ シェアを奪われるおそれ

図表4－4　F社の強み、弱み（問題点）

分類	強み	弱み（問題点）
販売・営業	●独自の販売ルートを確立し、生産全量販売が可能	●営業力が弱く、価格決定については販売先が有利になっている。 ●主要顧客であるXX商事は、販売量が安定しているが、販売手数料支払いが発生し、収益を圧迫している。
生産	●緻密な生産計画による生産ができている。 ●複数ある拠点を少人数で周り効率よく生産する体制ができている。	●品質は不安定で、目標生産量を安定的に生産できない。 ●安価な備品に変更したことで生産量減につながっている。 ●計画と実績の管理がずさんで、検証ができていない。 ●品質トラブル時の対策を標準化できていない。
研究開発		●実験結果を体系的に管理していないため、ノウハウ蓄積につながっていない。
人事・組織		●社内に、栽培・工場運営管理に詳しい人材が不足している。
経営管理		●運営は現場任せで、タイムリーな情報把握や管理ができておらず、計画未達成につながっている。 ●業績がよかった時期の過大投資や借入金増大により資金繰りに追われている。

事業分析の結果としてわかった当社の置かれた外部環境や強み・弱みについては、図表4－5のように4象限に整理すると便利です。このように分類する分析手法は、「強み（Strength）」「弱み（Weakness）」「機会（Opportunity）」「脅威（Threat）」の4つの頭文字をとって“SWOT分析”と呼ばれます。ここではSWOT分析の詳細解説は控えますが、どのような企業に対しても、この4つの視点で情報を集め整理することで方向性を見極める際に活用できるため、ぜひ活用してください。

図表4－5　F社のSWOT分析

外部		機会	脅威
		●販売価格は下げ止まり ●消費量は毎年変動せず一定 ●同業の生産者は減少傾向	●市場全体の生産量は成長が止まり、今後は売上の自然増は見込めない可能性がある。 ●大手企業の生産量増により、価格下落やシェアを奪われるリスクがある。
内部		強み	弱み
	販売営業	●独自の販売ルートを確立し、生産全量販売が可能	●営業力が弱く、価格決定については販売先が有利になっている。 ●主要顧客であるXX商事は、販売量が安定しているが、販売手数料支払いが発生し、収益を圧迫している。
	生産	●緻密な生産計画による生産ができている。 ●複数ある拠点を少人数で周り効率よく生産できる体制ができている。	●衛生管理のノウハウが未熟で、たびたび問題が発生している。 ●品質は不安定で、目標生産量を安定的に生産できない。 ●安価な備品に変更したことで生産量減につながっている。 ●計画と実績の管理がずさんで、検証ができていない。

			●品質トラブル時の対策を標準化できていない。
	研究開発		●実験結果を体系的に管理していないため、ノウハウ蓄積につながっていない。
	人事・組織		●社内に、栽培・工場運営管理に詳しい人材が不足している。
	経営管理		●運営は現場任せで、タイムリーな情報把握や管理ができておらず、計画未達成につながっている。 ●業績がよかった時期の過大投資や借入金増大により資金繰りに追われている。

❷ クロス SWOT 分析による方向性の見極め

SWOT 分析でＦ社の現状の整理ができたら、進むべき方向性やアクションプラン（行動計画）を策定していきます。このとき「クロス SWOT 分析」と呼ばれる手法を活用すると有効です。クロス SWOT 分析とは、「機会×強み（強みを生かして機会をつかむ)」といったように、内部環境（強み・弱み）と外部環境（機会・脅威）を交差してぶつけながら、とるべき施策を考える分析手法です。

実際は、SWOT 上に整理された情報を材料に「この強みを生かすと脅威を回避することができそうですね」などの対話を経営者とすることで、経営戦略が見えてくるはずです。

図表4-6　F社のクロスSWOT分析

<table>
<tr><td colspan="2" rowspan="2"></td><td>機　会</td><td>脅　威</td></tr>
<tr><td>●販売価格は下げ止まり
●消費量は毎年変動せず一定
●同業の生産者は減少傾向</td><td>●市場全体の生産量は成長が止まり、今後は売上の自然増は見込めない可能性がある。
●大手企業の生産量増により、価格下落やシェアを奪われるリスクがある。</td></tr>
<tr><td rowspan="2">強み</td><td rowspan="2">●独自の販売ルートを確立し、生産全量販売が可能
●緻密な生産計画による生産ができている。
●複数ある拠点を少人数で周り効率よく生産できる体制ができている。</td><td>【強みを活かして機会をつかむ】</td><td>【強みを活かして脅威を回避する】</td></tr>
<tr><td colspan="2">●安定した量と有利な価格で販売できる顧客づくり（新規開拓や交渉）
●少人数での高い生産性維持による収益性確保</td></tr>
<tr><td rowspan="2">弱み</td><td rowspan="2">●営業力が弱く、価格決定については販売先が有利になっている。
●主要顧客であるXX商事は、販売量が安定しているが、販売手数料支払いが発生し、収益を圧迫している。
●衛生管理のノウハウが未熟で、たびたび問題が発生している。
●品質は不安定で、目標生産量を安定的に生産できない。
●安価な備品に変更したことで生産量減につながっている。
●計画と実績の管理がずさんで、検証ができていない。
●品質トラブル時の対策を標準化できていない。
●実験結果を体系的に管理していないため、ノウハウ蓄積につながっていない。
●社内に、栽培・工場運営管理に詳しい人材が不足している。
●運営は現場任せで、タイムリーな情報把握や管理ができておらず、計画未達成につながっている。
●設備老朽化による生育環境悪化</td><td>【弱みを克服して機会をつかむ】</td><td>【弱みを克服して脅威を回避する】</td></tr>
<tr><td colspan="2">◆営業面
収益性の高い良質な販売ルート確立と、それを継続するための交渉力育成
●販売手数料を取られ収益性の低いXX商事に依存しない販売ルートづくり
●安定的で収益性の高い取引先開拓
●現状の販売契約内容の見直し交渉による収益力アップ
●今後の価格交渉力アップのため、相場・卸値の予測ができる体制づくり

◆生産面
恒常的な収量確保と、品質トラブル（雑菌、バクテリア、ハエなど）防止により、安定的な生産体制を確立する。
①きのこ栽培専門家の活用
②効率的な実験実施と最適条件の見極め
③老朽化した設備の更新による生育環境の改善
④データ管理の徹底、知識・ノウハウ蓄積の仕組化</td></tr>
</table>

図表4－6は、F社のクロスSWOT分析です。F社の場合、営業面、生産面の弱みが多いことがわかっていましたが、一方でこれらの課題を克服できれば、安定したニーズが見込める市場という「機会」や、全量販売が可能な販売ルートや少人数による効率よい生産体制という「強み」を活かすことで、事業の将来性はあると考えられました。

そこで、F社では営業面では採算悪化につながる取引（XX社）をなくし、新規開拓や価格交渉などを通して利益率を高める取組みを、生産面では最も大きな課題であった品質安定化や収量アップに多方面から着手することにしたのでした。

※　SWOT分析およびクロスSWOT分析の詳細については、中村 中・㈱マネジメントパートナーズ共著『金融機関・会計事務所のためのSWOT分析徹底活用法』（ビジネス教育出版社）をご参照ください。

2 ▶ 計数計画の考え方

改善の方向性が見えたら、計数計画に落とし込みます。計数計画とは、経営戦略を具体的な売上、利益、キャッシュフローなどの数値として表してみることです。戦略としてはよいと考えたものが数字にしてみたら思ったように利益が出そうもない……といった場合などがあるため、計数計画をつくることは戦略の妥当性を検証する意味に加え、施策が目指す目標をできる限り定量化して明確にすることで実行性を高めるという重要な意味があります。

1 きのこ生産事業者F社の計数計画

F社の計数計画（損益計算書）のポイントは、まず売上を徐々に拡大すること、売上総利益率を改善すること、また販管費内の販売手数料を削減することで最終利益黒字化までもっていく点にあります。

図表4－7　F社　計数計画の概要（損益計算書）

単位：千円

	計画0期	計画1期	計画2期	計画3期	計画4期	計画5期
売上高	198,000	202,000	215,977	215,977	215,977	215,977
売上総利益	△5,000	1,500	4,660	4,901	4,960	5,000
売上総利益率	*−2.5%*	*0.74%*	*2.2%*	*2.3%*	*2.3%*	*2.3%*
営業利益	△15,000	850	4,102	4,343	4,402	4,442
営業利益率	*−7.5%*	*0.42%*	*1.9%*	*2.0%*	*2.0%*	*2.0%*
経常利益	△16,000	△750	3,326	3,654	3,794	3,930
当期利益	△16,054	△804	3,272	3,600	3,740	3,876

売上拡大については、販売先の変更、価格交渉による取引条件改善、また収量アップおよび品質トラブル防止による収量安定化による効果を見込みます。

売上総利益率の改善については、従来は品質トラブルによる材料のロスが大きかったものを、品質安定化によりロスを減らす施策結果を期待するものです。また、販売手数料減については、販売手数料発生の原因となっていたXX商事との取引をやめ他社に切り替えること

図表4－8　施策ごとの定量効果試算例

（単位：千円）

施策		期待される効果				
		科目	計画1期	計画2期	計画3期	計画4期
既存取引先価格交渉	○○社	売上	＋○○	＋○○	＋○○	＋○○
	××社	売上	＋○○	＋○○	＋○○	＋○○
	・・・					
収量アップ		売上	＋○○	＋○○	＋○○	＋○○
販売手数料削減	XX商事との取引停止	販売手数料	▲○○	▲○○	▲○○	▲○○
・・・						

図表4-9　F社　複数の条件設定を反映した売上試算例

年度	出荷量(100kg)	培養期間	生育期間	収量(／株)	ロス率(%)	ロス率(%)	単価(円@100g)	単価割合(%)	出荷割合(%)	単価設定内容	=	売上（円）
2015年3月期（計画0期）～2016年3月期（計画1期）	6,080	90	24	149	0.84%	10.0%	19.1	49.9%	50.0%	相場（オフシーズン）		29,025,299
							40.3		50.0%	相場（シーズン）		61,165,508
							14.2	8.30%	50.0%	年間2価格①_低値		3,583,042
							40.3		50.0%	年間2価格②_高値		10,173,822
							23.6	4.80%	33.0%	年間3価格①_低値		2,268,097
							31.9		33.0%	年間3価格②_中値		3,075,655
							40.3		34.0%	年間3価格③_高値		4,000,886
							28.1	5.50%	25.0%	年間4価格①_低値		2,349,225
							32.2		25.0%	年間4価格②_中低値		2,689,765
							36.2		25.0%	年間4価格③_中高値		3,030,305
							40.3		25.0%	年間4価格④_高値		3,370,845
							40.7	31.40%	100.0%	年間1価格		77,703,319
							合計					202,435,767
2017年3月期～（計画2期～）	6,293	90	24	152	0.84%	9.0%	19.1	39.9%	50.0%	相場（オフシーズン）		24,021,430
							40.3		50.0%	相場（シーズン）		50,620,769
							14.2	0.00%	50.0%	年間2価格①_低値		0
							40.3		50.0%	年間2価格②_高値		0
							23.6	4.80%	33.0%	年間3価格①_低値		2,347,531
							31.9		33.0%	年間3価格②_中値		3,183,372
							40.3		34.0%	年間3価格③_高値		4,141,007
							28.1	23.80%	25.0%	年間4価格①_低値		10,521,765
							32.2		25.0%	年間4価格②_中低値		12,046,984
							36.2		25.0%	年間4価格③_中高値		13,572,203
							40.3		25.0%	年間4価格④_高値		15,097,422
							40.7	31.40%	100.0%	年間1価格		80,424,685
							合計					215,977,170

で実現を図るものです。

こうした施策と計数計画を結ぶためには、施策ごとの定量的な効果を目標として置く必要があります。例えば、図表４－９のような効果試算を積み上げることで損益計算書や貸借対照表上の計画に反映していきます。

場合によっては、生産量やロス率、販売単価など複数の条件を組み合わせて計画をする必要があります。そういった場合は、前提となる条件を仮定として置いたうえで、計画化していきます。

最後に、計数計画の妥当性を検証するため、いくつかの主要な財務指標を確認することも重要です。図表４－10はＦ社の主要指標です。事業者の支払能力に直結する「現預金残高」や、借入れと事業で生み出すキャッシュフローのバランスを見る「債務償還年数（要償還債務残高÷フリーキャッシュフローで算出する）」、また「純資産額」を見ることで債務超過（資産より負債が大きい状態。すべての資産を売却しても負債を返しきれないことを意味する）になっていないか、またはいつ解消できるかを確認することができます。

図表４－10　Ｆ社　計数計画概要（主要財務指標）

単位：千円

	計画０期	計画１期	計画２期	計画３期	計画４期	計画５期
現預金残高	8,954	1,852	2,899	3,884	4,928	5,990
金融機関債務残高	28,720	28,720	24,529	20,589	16,416	12,166
債務償還年数	4	－	17	16	15	14
純資産額	△77,337	△78,145	△74,872	△71,273	△67,532	△63,657

❷ 計数計画策定における留意点

計数計画作成においては、以下の点に留意する必要があります。

<計数計画作成で重要なポイント>

①セグメント別や施策ごとの効果の積み上げで考える
②投資計画を考慮する
③キャッシュフローを確認する

① セグメント別や施策ごとの効果の積み上げで考える

例えば、「売上は毎年５％アップ」といった根拠のない計画では意味がありません。先のＦ社の例で示した通り、施策ごとの効果や、セグメント（作物、事業ごとといった収益構造の異なるカテゴリー）ごとに見立てた売上や原価を積み上げて計数計画にしていきます。

このようにすれば、仮に計画が達成できなかった場合でも、セグメントや施策ごとの計画と実績比較まで立ち戻ってウォッチすることで、何が原因なのかまで特定し、次の対策につなげることができます。

他にも、例えば酪農業では、各飼養牛ごとに搾乳できる月数や乳量、乳価（販売単価）、また仔牛の売却までさまざまな変数がありますから、飼養牛１頭ごとに計画し実績管理することが有効な場合などがあります。図表４-11は、酪農業における飼養牛個体ごとの管理表の例です。

図表 4-11　酪農業における飼養牛個体ごとの計画例

売上・コスト（自動算出）

単位：円

項目		根拠	計画1期 2014年 3月	2014年 4月	2014年 5月	2014年 6月	2014年 7月	2014年 8月	2014年 9月
総売上			3,445,092	3,586,696	3,688,302	5,893,122	8,005,963	7,564,438	6,731,424
	生乳売上（税込）	⑨×⑪×(1+⑰)	3,445,092	3,111,6					424
	仔牛売上（税込）	④×⑫	0	475,0					0
	廃用牛収入（税込）	②×⑬	400,000						000
	飼料代（税込）	①×⑭×⑮×(1+⑰)	2,149,928	2,140,020	3,095,896	3,723,635	3,847,756	3,847,756	3,424,032

販売単価、各費用単価、生乳生産量

	項目	根拠	3月	4月	5月	6月	7月	8月	9月
①	総頭数	SUM(④、⑥、⑦)	50	50	70	87	87	87	80
②	廃用牛数		4	0	0	3	0	0	
③	他廃棄数		0	0	0	0	0	0	0
④	分娩数		0	5	5	25	20	0	0
⑤	種付け数		0	0	0	5	8	13	7
⑥	乾乳数		5	5	25	20	0	0	0
⑦	搾乳数	※⑤含む　※④含まない	45	40	40	42	67	87	80
⑧-A	新規導入数（初妊牛）		0	0	20	20	0	0	0
⑧-B	新規導入数（経産牛）		0	0	0	0	0	0	0
⑨	乳量(Kg)	⑩×(⑦×⑮+④×⑯)	33,480	29,400	30,360	33,240	57,691	71,471	63,600
⑩	乳量@頭・日(K								26.5
⑪	生乳単価（円								98
⑫	仔牛単価（円								000
⑬	廃用牛単価（								000
⑭	飼料単価（円								321
⑮	月間日数		31	30	31	30	31	31	30
⑯	分娩した牛の搾乳日数		5	5	5	5	5	5	
⑰	消費税率		5%	8%	8%	8%	8%	8%	8%

<参考：個体ごとの管理例（一部のみ表示）>

○…飼養中、乾…乾乳中、産…分娩、廃…廃用
（末尾の数字）…産次

個体ごとの飼養状況

当社内識別番号	初妊・経産種別	計画1期 2014年 3月	2014年 4月	2014年 5月	2014年 6月	2014年 7月	2014年 8月	2014年 9月
新1	（経産牛）	乾	産	○3	○3	受3	○3	○3
新2	（経産牛）	乾	産	○3	○3	受3	○3	○3
新3	（経産牛）	乾	産	○3	○3	受3	○3	○3
新4	（経産牛）	乾	産	○3	○3	○3	○3	○3
新5	（経産牛）	乾	産	○3	○3	○3	○3	○3
新6	（経産牛）	○2	乾	産	○3	○3	受3	○3
新7	（経産牛）	○2	乾	産	○3	○3	受3	○3
新8	（経産牛）	○2	乾	産	○3	○3	受3	○3
新9	（経産牛）	○2	乾	産	○3	○3	○3	○3
新10	（経産牛）	○2	乾	産	○3	○3	○3	○3
新11	（経産牛）	○2	○2	乾	産	○3	○3	受3
新12	（経産牛）	○2	○2	乾	産	○3	○3	受3
新13	（経産牛）	○2	○2	乾	産	○3	○3	○3
新14	（経産牛）	○2	○2	乾	産	○3	○3	○3
新15	（経産牛）							○3
新16	（初妊牛）							○1
新17	（初妊牛）							○1
新18	（初妊牛）							○1
新19	（初妊牛）							○1
新20	（初妊牛）	○1	○1	○1	○1	○1	受1	○1

②　投資計画を考慮する

経営改善が必要なケースでは、目先のコスト削減ばかりに目がいきがちになりますが、中長期的な生産性向上や収益力アップといった経営課題克服のために、まずは投資が必要な場合も多いです。計画を立てる際には、一時的なコスト増となるものでも、その投資対効果や必要性を検証しながら、計数計画に盛り込んでいきます。この時、少なくとも投資目的、投資金額、期待される効果を洗い出し、メリット・デメリットや「投資をしなかったらどうなるのか」といった議論をすることで実施の有無や優先順位を決める、また実施後は効果をモニタリングすることが重要です。

図表４-12　投資計画の例

<table>
<tr><th rowspan="2">投資内容</th><th rowspan="2">投資目的</th><th rowspan="2">投資時期・額</th><th colspan="3">効　果</th></tr>
<tr><th>計画１期</th><th>計画２期</th><th>計画３期</th></tr>
<tr><td>第一工場
蛍光灯→
ＬＥＤ入替え</td><td>収量３ｇアップ、電気量50％削減</td><td>計画１期中
300万円</td><td>水道光熱費
▲140万円
※半年換算</td><td>水道光熱費
▲280万円</td><td>水道光熱費
▲280万円</td></tr>
<tr><td>第二工場
修繕</td><td>衛生状態の改善</td><td>計画１期中
200万円</td><td></td><td rowspan="2">収量安定化</td><td rowspan="2">収量安定化</td></tr>
<tr><td>第二工場
クーラー導入（10台）</td><td>衛生状態、培養条件管理レベルの改善</td><td>計画２期初
350万円</td><td></td></tr>
</table>

③　キャッシュフローを確認する

第２章で解説したとおり、黒字倒産のような「利益が出ているが手元現預金が不足する」状況にならないよう、キャッシュフロー（現預金の増減）の見込みも確認する必要があります。基本的には、損益計算書に加えて貸借対照表の計画もつくることで、キャッシュフロー計算書を作成することができますので、そこで現預金がマイナスになることや、事業運営に支障をきたす低水準になることがないかといった確認をします。

ただし、貸借対照表とキャッシュフロー計算書まで作成することが困難な場合は、簡易キャッシュフローの数値を参考として用いることがあります。簡易キャッシュフローは、「当期利益＋減価償却費」で求められます。損益計算書に表される費用のうち、減価償却費は実際の支出を伴わない費用であるため、当期利益にプラスして戻す、という考え方です。

第5章

農業法人G社の戦略策定事例

本章では、具体的な事例を取り上げながら農業法人の財務・事業両面での分析・診断や、今後の方向性策定の手法までの一連の流れについて見ていきます。ここでは、複数の作物生産を手がけ、六次産業化（第1章 p.13参照）や輸出にも積極的に取り組む農業法人G社を取り上げます。

1 ▶ G社の現状

G社は関東北部エリアで、水稲・野菜の生産を中心に行っている農業法人です。特別栽培米の生産に力を入れているように特に米の品質の高さが評判で、外食チェーンなどと取引を拡大、近年では直売店を複数店舗出店したり、輸出に乗り出したりと、積極的な展開を進めていました。米以外でも、転作支援政策に後押しされ雑穀や野菜の生産も本格化したり、直売店では加工品（惣菜など）の販売にもチャレンジしてきました。

ところが、東日本大震災を機に、輸出が急きょ頓挫、また一時的に

図表5－1　G社のビジネスモデル

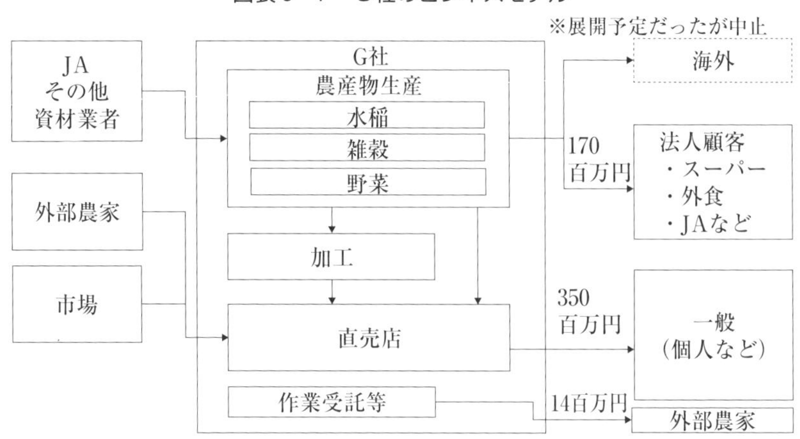

出荷ができなくなった影響で国内の大口顧客との取引が停止になるなど多大なダメージを受け、なんとか改善の方向性を見つけなければいけない状況に追い込まれた状態でした。

- 自社農産物販売を中心に直売店を複数出店し、現在では主要な販売チャネルとなっている。
- 直売店では、自社農産物以外に、外部農家・市場から仕入れた商品の販売や加工品（惣菜等）を扱っている。
- 外部農家からの作業受託事業も行っている。
- 海外への輸出については、東日本大震災を契機に中止となった。

2 ▶ G社の財務分析結果

1 損益計算書の推移

まずG社の損益計算書の推移（図表5－2）を見ると、X－2期から右肩下がりになっていることがわかります。X－2期は東日本大震災が発生した年であり、前述の通り、大手外食チェーン等主要取引先との取引が止まったことが大きな要因です。売上の内訳では、法人向けの販売が軒並み減少しており、特に水稲については構成比でX－4期に20％あったものがX期には13％まで落ち込んでいます。一方で直売所の売上は維持または微増しており、直近X期では総売上の65％を占めるまでとなり好調であることが窺えます。

このような売上減が要因となり営業損益はマイナス幅を広げてきましたが、一方でX－1期は雑収入が大きく（69百万円）、経常損益を黒字に転換させてていることがわかります。図表5－3の通り、税務申告時の勘定科目別内訳明細書からその内訳を確認すると、保険の解約返戻金55百万円がほとんどを占めていました。つまり、特殊要因によ

図表5－2　G社の損益計算書の推移

(単位：千円)	X－5期		X－4期		X－3期		X－2期		X－1期		X期	
	実績	売上比	実績	売上比	実績	売上比	実績	売上比	実績	売上比	実績	売上比
売上高	488,000	100%	631,000	100%	622,500	100%	618,000	100%	582,000	100%	536,000	100%
水稲売上高（法人向け）	70,000	14%	125,000	20%	120,000	19%	103,000	17%	76,000	13%	69,000	13%
雑穀売上高（法人向け）	23,000	5%	28,000	4%	28,500	5%	24,000	4%	23,000	4%	6,000	1%
野菜売上高（法人向け）	85,000	17%	105,000	17%	103,000	17%	104,000	17%	105,000	18%	97,000	18%
直売所（一般顧客向け）	280,000	57%	335,000	53%	334,000	54%	345,000	56%	340,000	58%	350,000	65%
作業受託高	30,000	6%	38,000	6%	37,000	6%	42,000	7%	38,000	7%	14,000	3%
売上原価	421,000	86%	474,000	75%	440,000	71%	471,000	76%	440,000	76%	409,000	76%
期首棚卸高	21,000	4%	17,000	3%	30,000	5%	66,000	11%	96,000	16%	92,000	17%
商品仕入高	220,000	45%	252,000	40%	243,000	39%	256,000	41%	250,000	43%	266,000	50%
当期製品製造原価	197,000	40%	235,000	37%	233,000	37%	245,000	40%	186,000	32%	139,000	26%
期末棚卸高	17,000	3%	30,000	5%	66,000	11%	96,000	16%	92,000	16%	88,000	16%
売上総利益	67,000	14%	157,000	25%	182,500	29%	147,000	24%	142,000	24%	127,000	24%
販売・一般管理費	168,000	34%	219,000	35%	218,000	35%	232,000	38%	223,000	38%	231,000	43%
営業利益	−101,000	−21%	−62,000	−10%	−35,500	−6%	−85,000	−14%	−81,000	−14%	−104,000	−19%
営業外収益	65,000	13%	79,000	13%	69,000	11%	76,000	12%	91,000	16%	97,000	18%
受取補助金	59,000	12%	66,000	10%	28,000	4%	32,000	5%	22,000	4%	19,000	4%
雑収入	6,000	1%	13,000	2%	41,000	7%	44,000	7%	69,000	12%	78,000	15%
営業外費用	4,000	1%	6,000	1%	6,000	1%	8,000	1%	9,000	2%	9,000	2%
支払利息	4,000	1%	6,000	1%	6,000	1%	8,000	1%	9,000	2%	9,000	2%
経常利益	−40,000	−8%	11,000	2%	27,500	4%	−17,000	−3%	1,000	0%	−16,000	−3%

って黒字化しているだけで、事業が改善したのではないということです。

- X-4期、X-3期と、水稲売上や直売所売上を伸ばし、経常黒字化を達成。
- X-2期に東日本大震災発生。
- X-2期以降は、
  —水稲売上が激減。一方で直売所売上は維持または微増。
  —営業損益はマイナスが続く。一方でX-1期は営業外収益増で経常黒字化。
- X期は前期並みの雑収入を得るも、さらなる売上減が影響し再び経常赤字に。

図表5-3　勘定科目内訳明細書（X-1期　雑収入）

雑益、損失等の内訳書

科目		取引の内容	相手先	所在地（住所）	金額
雑益等	雑収入	解約返戻金	●●保険	・・・・・	55,000,000円
	〃	雇用助成金	××県	・・・・・	7,000,000
	〃	農作物共済金他	○○共済組合	・・・・・	4,000,000
	〃	機械導入補助金	△△市	・・・・・	1,000,000
	〃	自販機手数料	□□㈱	・・・・・	1,000,000
	〃	その他精米代他	○山○夫	・・・・・	1,000,000
	合計				69,000,000

こうした計数を見る場合、グラフにして表すとわかりやすいことがあります。図表5-4は、G社の売上・コスト・利益の推移を並べてみたものです。ここからは、売上減の一方で販管費は増加傾向にあること、常に営業赤字であり営業外収益（助成金等）に頼る構造になっているが、それでも経常黒字化が難しい状況であることがよくわかります。

図表5－4　G社　売上・コスト・利益の推移

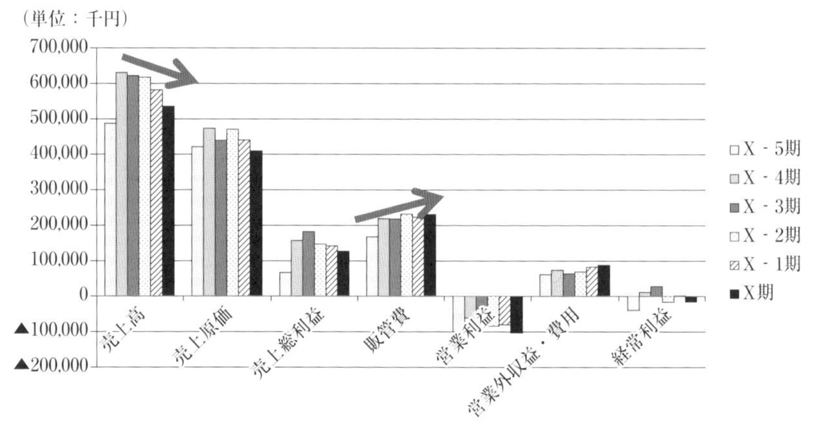

販管費の推移

販管費は、その多くが固定費（売上の増減に左右されず固定的にかかる費用）であるため、売上減の一方で販管費が増加していることは不自然だと考えるべきです。

図表5－5のようにG社の販管費の内訳を確認すると、支払手数料が徐々に増加していることがわかります。さらに増加の要因について調べる場合、支払手数料の内訳を確認していきます（実務的には、担当者へのヒアリングや総勘定元帳といった会計データを探っていきます）が、G社の場合、大部分が直売店を出店している施設への手数料でした。店舗数は変わっていないのですが、一部店舗においてリニューアルをした際に、施設との契約内容が変更となり、手数料が増となってしまったことがわかりました。

図表5－5　G社販管費内訳（損益計算書から抜粋）

（単位：千円）	X－5期		X－4期		X－3期		X－2期		X－1期		X期	
	実績	売上比	実績	売上比	実績	売上比	実績	売上比	実績	売上比	実績	売上比
売上高	488,000	100%	631,000	100%	622,500	100%	618,000	100%	582,000	100%	536,000	100%
売上原価	421,000	86%	474,000	75%	440,000	71%	471,000	76%	440,000	76%	409,000	76%
売上総利益	67,000	14%	157,000	25%	182,500	29%	147,000	24%	142,000	24%	127,000	24%
販売・一般管理費	168,000	34%	219,000	35%	218,000	35%	232,000	38%	223,000	38%	231,000	43%
役員報酬	5,000	1%	5,000	1%	5,000	1%	5,000	1%	5,000	1%	5,000	1%
給与手当	77,000	16%	104,000	16%	95,000	15%	101,000	16%	97,000	17%	97,000	18%
賞与手当	1,000	0%	0	0%	0	0%	0	0%	0	0%	0	0%
法定福利費	5,000	1%	7,000	1%	8,000	1%	11,000	2%	9,000	2%	9,000	2%
退職金	0	0%	0	0%	0	0%	0	0%	0	0%	0	0%
福利厚生費	1,000	0%	1,000	0%	1,000	0%	1,000	0%	0	0%	1,000	0%
旅費交通費	3,000	1%	3,000	0%	2,000	0%	2,000	0%	3,000	1%	2,000	0%
広告宣伝費	1,000	0%	1,000	0%	1,000	0%	1,000	0%	2,000	0%	1,000	0%
運賃	3,000	1%	4,000	1%	5,000	1%	6,000	1%	4,000	1%	4,000	1%
支払手数料	18,000	4%	19,000	3%	19,000	3%	20,000	3%	22,000	4%	26,000	5%
車輌費	10,000	2%	11,000	2%	13,000	2%	11,000	2%	11,000	2%	12,000	2%
販売促進費	1,000	0%	2,000	0%	3,000	0%	3,000	0%	3,000	1%	3,000	1%
減価償却費	8,000	2%	12,000	2%	13,000	2%	12,000	2%	14,000	2%	12,000	2%
地代家賃	11,000	2%	15,000	2%	14,000	2%	15,000	2%	14,000	2%	14,000	3%
修繕費	1,000	0%	1,000	0%	3,000	0%	2,000	0%	1,000	0%	7,000	1%
通信費	2,000	0%	3,000	0%	3,000	0%	4,000	1%	3,000	1%	3,000	1%
水道光熱費	5,000	1%	8,000	1%	12,000	2%	13,000	2%	12,000	2%	14,000	3%
租税公課	3,000	1%	5,000	1%	4,000	1%	3,000	0%	6,000	1%	5,000	1%
接待交際費	2,000	0%	2,000	0%	2,000	0%	1,000	0%	1,000	0%	1,000	0%
保険料	2,000	0%	3,000	0%	5,000	1%	7,000	1%	7,000	1%	7,000	1%
稲経安定拠出金	0	0%	2,000	0%	1,000	0%	3,000	0%	2,000	0%	1,000	0%
その他経費	9,000	2%	11,000	2%	9,000	1%	11,000	2%	7,000	1%	7,000	1%
営業利益	−101,000	−21%	−62,000	−10%	−35,500	−6%	−85,000	−14%	−81,000	−14%	−104,000	−19%

③ 原価の推移

最後に、原価の推移を見てみましょう。図表５－６から売上総利益率を見ると、X－４期以降は微増またはほぼ横ばいで推移しています。ところがその内訳では、商品仕入高の比率が高まり（X－４期40％→X期50％）、当期製品製造原価の比率が大きく下がっています（X－４期40％→X期26％）。「商品仕入高」は、当社で製造しているものではなく、外部（外部農家や市場）から仕入れてそのまま販売する商品の仕入高のことであり、「当期製品製造原価」は自社で製品を製造する際にかかる費用のことです。つまり、同じ利益を上げてはいますが、自社製品の比率が下がり、外部から仕入れてきた商品への依存が高まっていることがわかります。

- 全社売上総利益率は微増、または横ばい
- 商品仕入高比率がアップ（外部から仕入れた商品への依存度アップ）
- 当期製品製造原価比率がダウン（自社製品への依存がダウン）

さらに、当期製品製造原価の内訳ではどのような費目の変動があるのでしょうか。図表５－７はＧ社の製造原価報告書です。まず材料費、労務費、経費のそれぞれについて全体的に下がっていることがわかります。材料費については「農作物仕入高」が大きく減少していますが、これは低温保管できない季節の米を外部から仕入れしているもので、米の販売が減っていることと接続しています。また経費のうち外注加工費の減少は防除作業にかかる外注費を抑制したためであり、その他労務費等の削減と合わせ、売上減に対応して生産体制（原価）の削減を図っていることがわかります。

図表5－6　G社　売上・原価の推移（損益計算書より抜粋）

（単位：千円）	X－5期		X－4期		X－3期		X－2期		X－1期		X期	
	実績	売上比	実績	売上比	実績	売上比	実績	売上比	実績	売上比	実績	売上比
売　上　高	488,000	100%	631,000	100%	622,500	100%	618,000	100%	582,000	100%	536,000	100%
水稲売上高（法人向け）	70,000	14%	125,000	20%	120,000	19%	103,000	17%	76,000	13%	69,000	13%
雑穀売上高（法人向け）	23,000	5%	28,000	4%	28,500	5%	24,000	4%	23,000	4%	6,000	1%
野菜売上高（法人向け）	85,000	17%	105,000	17%	103,000	17%	104,000	17%	105,000	18%	97,000	18%
直売所（一般顧客向け）	280,000	57%	335,000	53%	334,000	54%	345,000	56%	340,000	58%	350,000	65%
作業受託高	30,000	6%	38,000	6%	37,000	6%	42,000	7%	38,000	7%	14,000	3%
売上原価	421,000	86%	492,000	78%	480,000	77%	471,000	76%	440,000	76%	409,000	76%
期首棚卸高	21,000	4%	17,000	3%	30,000	5%	66,000	11%	96,000	16%	92,000	17%
商品仕入高	220,000	45%	252,000	40%	243,000	39%	256,000	41%	250,000	43%	266,000	50%
当期製品製造原価	197,000	40%	253,000	40%	273,000	44%	245,000	40%	186,000	32%	139,000	26%
期末棚卸高	17,000	3%	30,000	5%	66,000	11%	96,000	16%	92,000	16%	88,000	16%
売上総利益	67,000	14%	139,000	22%	142,500	23%	147,000	24%	142,000	24%	127,000	24%

図表5－7　G社　製造原価報告書の推移

（単位：千円）	X－5期		X－4期		X－3期		X－2期		X－1期		X期	
	実績	売上比	実績	売上比	実績	売上比	実績	売上比	実績	売上比	実績	売上比
材料費	113,000	23%	165,000	26%	193,000	31%	165,000	27%	123,000	21%	81,000	15%
農作物仕入高	79,000	16%	139,000	22%	170,000	27%	128,000	21%	107,000	18%	61,000	11%
肥料薬剤仕入高	16,000	3%	11,000	2%	8,000	1%	10,000	2%	7,000	1%	7,000	1%
種苗仕入高	3,000	1%	2,000	0%	2,000	0%	3,000	0%	2,000	0%	2,000	0%
諸資材仕入高	15,000	3%	13,000	2%	13,000	2%	24,000	4%	7,000	1%	11,000	2%
労務費	30,000	6%	37,000	6%	34,000	5%	29,000	5%	25,000	4%	26,000	5%
労務費	28,000	6%	37,000	6%	31,000	5%	29,000	5%	25,000	4%	26,000	5%
雑給	0	0%	0	0%	2,000	0%	0	0%	0	0%	0	0%
福利厚生費	2,000	0%	0	0%	1,000	0%	0	0%	0	0%	0	0%
経費	54,000	11%	51,000	8%	46,000	7%	51,000	8%	38,000	7%	32,000	6%
外注加工費	24,000	5%	18,000	3%	17,000	3%	18,000	3%	6,000	1%	4,000	1%
減価償却費	4,000	1%	5,000	1%	5,000	1%	6,000	1%	5,000	1%	4,000	1%
共済掛金	2,000	0%	2,000	0%	2,000	0%	2,000	0%	2,000	0%	2,000	0%
土地改良費	5,000	1%	5,000	1%	5,000	1%	3,000	0%	3,000	1%	3,000	1%
農具費	0	0%	0	0%	0	0%	0	0%	0	0%	0	0%
修繕費	5,000	1%	7,000	1%	5,000	1%	7,000	1%	7,000	1%	6,000	1%
賃借料	3,000	1%	1,000	0%	2,000	0%	2,000	0%	2,000	0%	1,000	0%
消耗品費	1,000	0%	1,000	0%	0	0%	1,000	0%	1,000	0%	1,000	0%
地代家賃	6,000	1%	6,000	1%	5,000	1%	5,000	1%	5,000	1%	4,000	1%
検査手数料	1,000	0%	1,000	0%	0	0%	1,000	0%	0	0%	1,000	0%
燃料費	3,000	1%	5,000	1%	5,000	1%	6,000	1%	7,000	1%	6,000	1%
当期製品製造原価	197,000	40%	253,000	40%	273,000	44%	245,000	40%	186,000	32%	139,000	26%

●農作物仕入高（低温保管できない季節の米の仕入れ）は、米の販売減に伴い減少
●外注加工費、労務費等の減は、売上減に伴い生産体制を縮小し原価抑制に努めたもの

以上のように、財務データを大きな科目から細かい科目へ落とし込んで見ていくことで判明したＧ社の現状をまとめると、以下の通りです。

<財務分析からわかったＧ社の現状>

●米の販売を中心に拡大し、直売所展開等を進めてきた。
●しかし、X-２期の震災以降、米を中心に売上が大幅減となった。
●一方で、直売所の売上は好調である。
●販売において、自社生産の農産物（特に米と考えられる）への依存度が下がり、外部から仕入れた商品への依存度が高まっている。
●一部直売所の施設手数料が増加し、収益圧迫の一要因となっている。

3 ▶ G社の事業分析結果

財務分析から見えてきた現状を糸口に、事業面での分析をしていきます。

<財務分析結果から導いた、事業分析のポイント>

- 水稲売上が落ち込んだ要因、また立て直しできる可能性、方向性
- 自社生産の農産物への依存度が下がっている要因
- 直売所が好調である要因、今後進むべき方向性
- 直売所の施設手数料の実態、直売所の収益性

1 外部環境

G社を取り巻く市場、競合、顧客の動向を把握します。まずG社の主要商品である米ですが、図表5-8からわかるように、国内の需要は緩やかに減少していること、また生産量が需要を上回っている状態が続いていることがわかります。また、価格の推移を見ると（図表5-9）、震災後の平成23年度、24年度は価格が高騰していましたが、その後は低下傾向です。つまり、こうした厳しい市場の環境に対応するため、市場で評価される品質を保持し、価格低下にも対応できるよう生産性向上をすべきであることがわかります。

図表5－8　米の需給動向

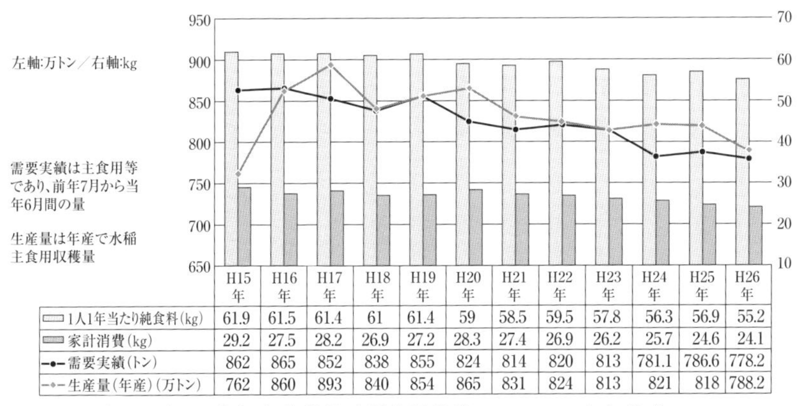

	H15年	H16年	H17年	H18年	H19年	H20年	H21年	H22年	H23年	H24年	H25年	H26年
1人1年当たり純食料(kg)	61.9	61.5	61.4	61	61.4	59	58.5	59.5	57.8	56.3	56.9	55.2
家計消費(kg)	29.2	27.5	28.2	26.9	27.2	28.3	27.4	26.9	26.2	25.7	24.6	24.1
需要実績(トン)	862	865	852	838	855	824	814	820	813	781.1	786.6	778.2
生産量(年産)(万トン)	762	860	893	840	854	865	831	824	813	821	818	788.2

※公益財団法人 米穀安定供給確保支援機構 HP データより作成

図表5－9　米の相対取引価格（出荷業者・通年平均）推移

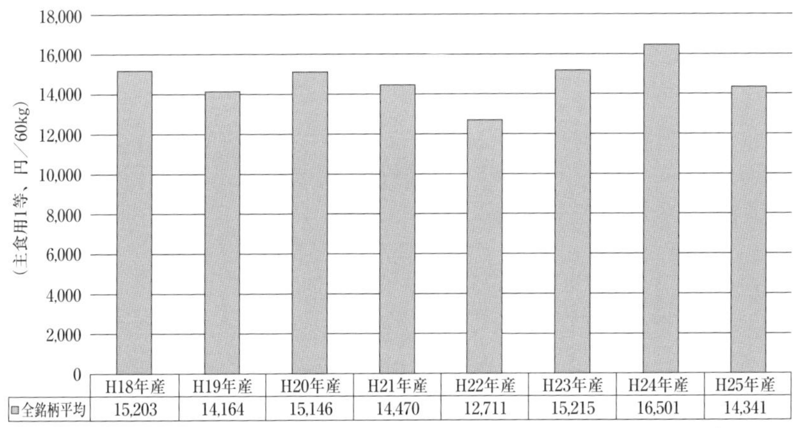

	H18年産	H19年産	H20年産	H21年産	H22年産	H23年産	H24年産	H25年産
全銘柄平均	15,203	14,164	15,146	14,470	12,711	15,215	16,501	14,341

※農林水産省 HP 米の相対取引価格・数量、契約・販売状況、民間在庫の推移等より作成

一方、図表5－10、5－11は野菜の需給動向ですが、野菜も需要は減っているものの米に比べると安定的であること、また生鮮野菜が食料品に占める割合は上昇傾向で、消費者の野菜への支出は今後も増加傾向であると考えられます。こうした状況は、野菜生産も行うG社にとって、消費者のニーズに対応することでチャンスとなることが読み取れます。

図表５-10　野菜の需給および１人あたり年間供給量の推移

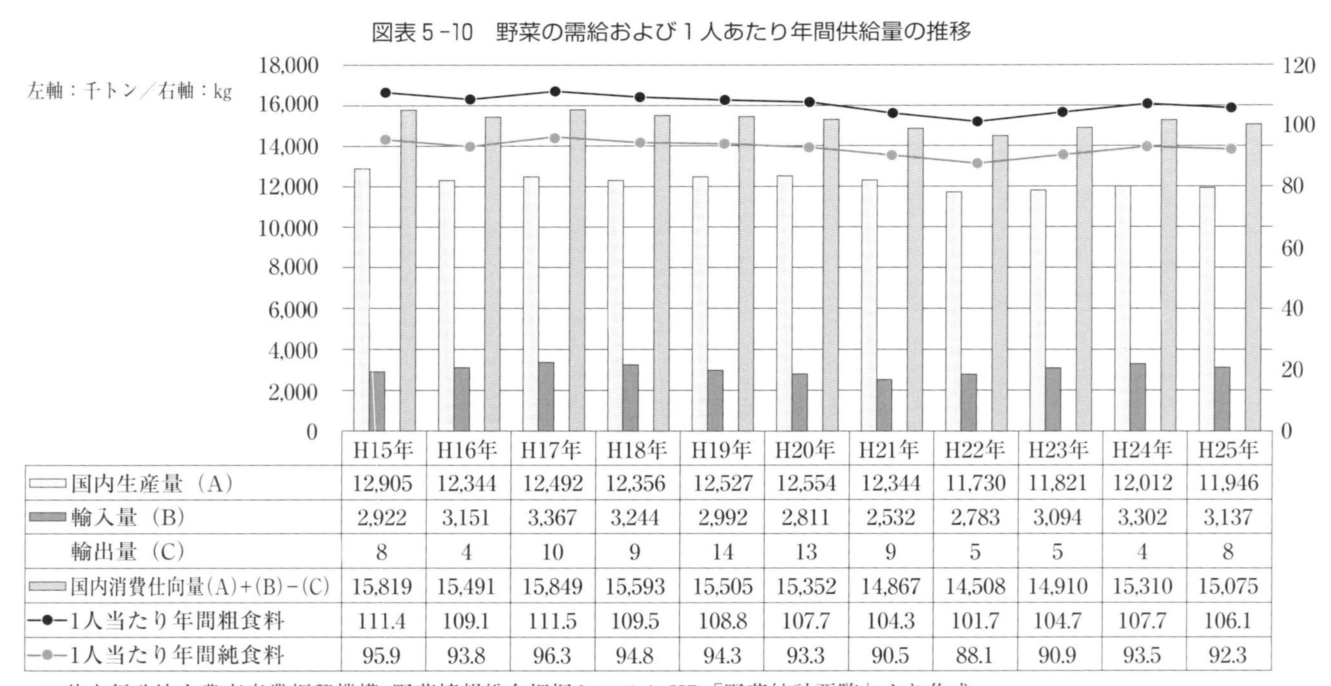

	H15年	H16年	H17年	H18年	H19年	H20年	H21年	H22年	H23年	H24年	H25年
国内生産量（A）	12,905	12,344	12,492	12,356	12,527	12,554	12,344	11,730	11,821	12,012	11,946
輸入量（B）	2,922	3,151	3,367	3,244	2,992	2,811	2,532	2,783	3,094	3,302	3,137
輸出量（C）	8	4	10	9	14	13	9	5	5	4	8
国内消費仕向量(A)+(B)-(C)	15,819	15,491	15,849	15,593	15,505	15,352	14,867	14,508	14,910	15,310	15,075
1人当たり年間粗食料	111.4	109.1	111.5	109.5	108.8	107.7	104.3	101.7	104.7	107.7	106.1
1人当たり年間純食料	95.9	93.8	96.3	94.8	94.3	93.3	90.5	88.1	90.9	93.5	92.3

※独立行政法人農畜産業振興機構 野菜情報総合把握システムHP「野菜統計要覧」より作成

図表５-11　野菜の消費動向（食料消費支出に占める野菜の割合）

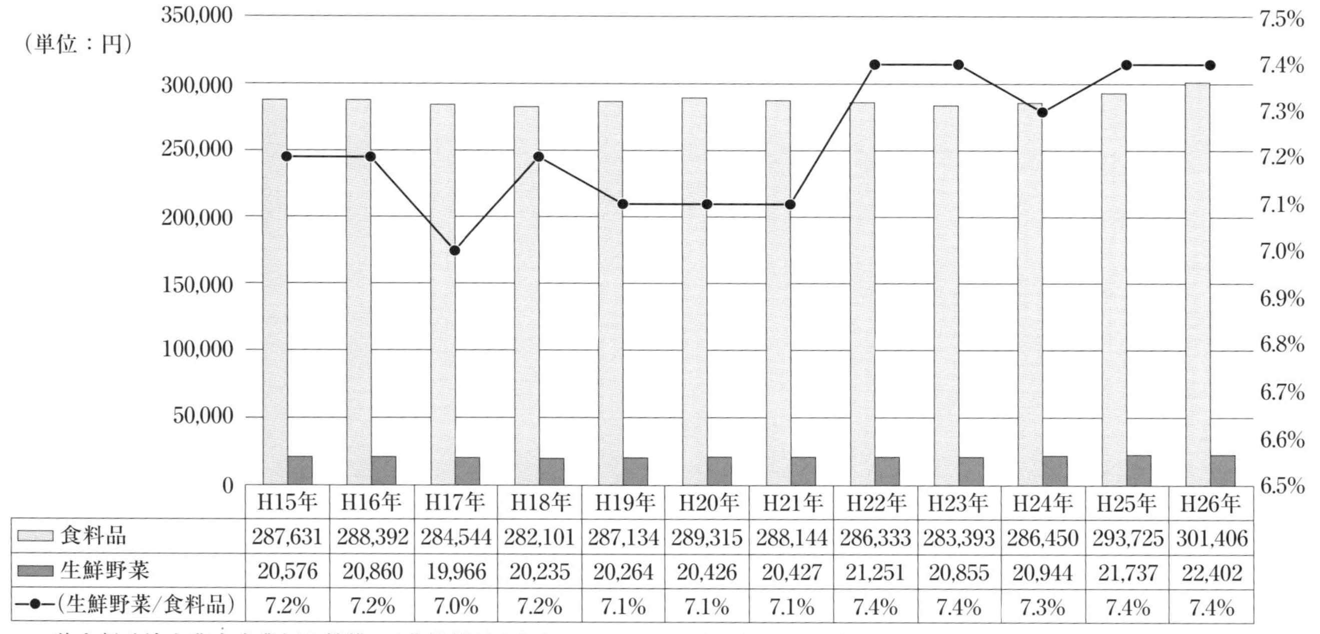

	H15年	H16年	H17年	H18年	H19年	H20年	H21年	H22年	H23年	H24年	H25年	H26年
食料品	287,631	288,392	284,544	282,101	287,134	289,315	288,144	286,333	283,393	286,450	293,725	301,406
生鮮野菜	20,576	20,860	19,966	20,235	20,264	20,426	20,427	21,251	20,855	20,944	21,737	22,402
(生鮮野菜/食料品)	7.2%	7.2%	7.0%	7.2%	7.1%	7.1%	7.1%	7.4%	7.4%	7.3%	7.4%	7.4%

※独立行政法人農畜産業振興機構 野菜情報総合把握システム HP「野菜統計要覧」より作成

翻って、G社が積極展開している農産物直売所の動向はどうでしょうか。図表5-12や、G社が所在する都道府県の直売所一覧などを見ると、直売所の数は増加していることがわかります。競合が増えて厳しい環境になっている一方、G社にも新たな出店の引き合いが多く来ていることなどからは、今後もニーズは維持または拡大していくものと考えられ、チャンスと捉えて戦略を練っていくべきと考えてよいでしょう。

図表5-12　農産物直売所の動向

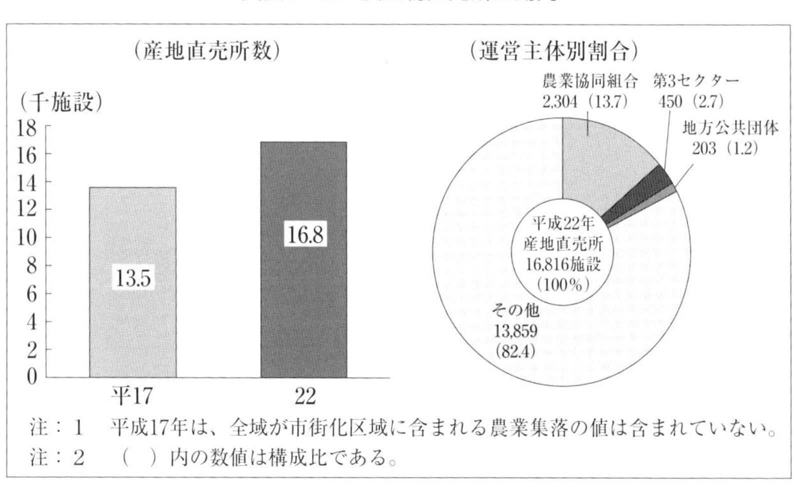

注：1　平成17年は、全域が市街化区域に含まれる農業集落の値は含まれていない。
注：2　（　）内の数値は構成比である。

※農林水産省「2010年世界農林業センサス結果の概要（確定値）（平成22年2月1日現在）」より

最後に農業を取り巻くマクロな環境として、流通大手の参入増による競争激化（図表5-13）、また農業補助金政策の面では米の生産調整（減反）政策として続けられてきた補償（補助金）制度が2018年度をもって廃止されるなど（図表5-14）、厳しい変化が起こっていることも確認できました。G社としては、消費者に対し他社（流通大手含む）との差別化をますます図り、補助金に依存しない収益力を身につけることが求められていると言えます。

図表5-13　流通大手の農業参入に関する最近のニュース

日本経済新聞電子版　2015年5月10日
『イオンがコメ生産開始　農地バンク活用、埼玉で田植え』
イオンは10日、埼玉県羽生市でコメの生産を開始した。意欲のある生産者に農地を貸す政府の「農地バンク」を活用。（中略）9月以降に収穫し、埼玉県内のスーパーなどで販売する予定だ。後継ぎ不足に悩む農家に代わり、流通大手がコメを含めた農業の担い手になる事例となる。（後略）

日本経済新聞電子版　2014年4月22日
『食品スーパーのヤマザワが農業参入』
山形、宮城を地盤とする食品スーパーのヤマザワは農業に参入する。22日、山形市の農業生産者と共同出資で株式会社方式の農業生産法人を設立することを決めた。6月にも法人登記し、9月から事業を始める予定。5年後に30億円の出荷をめざす。鮮度のいい野菜を自社調達することで地産地消をアピールし、競争力を高める。（後略）

産経ニュース　2015年6月13日
『小売り大手、農業参入本格化　セブン＆アイは特区で野菜、イオン、ローソンはコメも』
セブン＆アイ・ホールディングス（ＨＤ）は13日、農業の国家戦略特区に指定されている新潟市で、今秋にも野菜の生産を始めることを明らかにした。コンビニエンスストア大手のローソンやイオンは野菜だけでなく、コメの生産にも参入。各社とも鮮度と安全性の高い農産物を自社生産で安定的に調達する。

図表5-14　減反政策廃止、補助金廃止に関するニュース

日本経済新聞電子版　2013年11月26日
減反5年後廃止を決定　政府、コメ政策転換
　政府は26日、「農林水産業・地域の活力創造本部」（本部長＝安倍晋三首相）で、国が農家ごとに主食米の生産量を割り当てて価格を維持する生産調整（減反）を5年後の2018年度になくす方針を正式決定した。首相は「生産調整の見直しで農家が自らの経営判断で作物を作れるようにする農業を実現する」と述べた。1970年から40年以上続いてきたコメ政策を転換する。（中略）5年後を見すえて減反に協力する農家に配っていた補助金も段階的になくす。コメ農家の田んぼ10アール当たり年1万5000円を配っていた定額の減反補助金は、来年度から半分の7500円に減らして、4年間の時限措置にする。（後略）

2 事業運営面での強み、課題

①　販売における強みと課題

　まず、当社の主力製品である米は、震災を期に大きく売上を減らしています。これは、前述の通り震災により出荷ができなくなったことを機に、主要得意先（外食など）から取引を停止されてしまったことによるものです。具体的には、得意先別の売上高推移を見ると（図表5-15）、X食品、Yサービス向け売上がゼロとなっていますが、一方で3位以下のO食品、P寿司、Q商事などとの取引は逓増していることがわかります。これらの企業は、全国チェーンのような大手ではありませんが、特定エリアなどニッチな領域では大変勢いを持つ企業群です。当社生産の米は、社長をはじめとした高い生産技術を背景にした品質の良さから、飲食店からも好評で人気の製品だったようです。近年取り組んでいる特別栽培米も高い評価を得ており、生産全量について特定の得意先に収められている状況でした。つまり、高品質の米の生産技術・体制が当社の強みになっているのだと言えます。

図表5-15　水稲売上の主要得意先別売上高

単位：千円

得意先	売上高		
	X-2期	X-1期	X期
X食品	40,200	28,000	0
Yサービス	25,000	14,000	0
O食品	14,000	18,000	22,000
P寿司	13,500	16,000	23,000
Q商事	6,000	8,000	12,000
・・・			
合計	103,000	76,000	69,000

一方で、未だ減少した売上減をカバーするほどの売上を確保できていないのも現状でした。法人向けの営業体制については、ほぼ社長一人が催事等でPRをするのみで、受け身の営業となっていることが一要因でした。商品力を活かした積極的・戦略的な新規開拓や既存顧客の深耕が、今後の課題と言えました。

次に、直売所の販売状況について店舗ごとの収支（図表5-16）から確認します。4店舗中3店舗で営業赤字であり、残りの1店舗についても若干の黒字にとどまっているようです。内訳では、店舗aは売上が大きい一方、販管費が膨らみ過大な赤字を生み出していることがわかります。実は、店舗aは地元の商業施設に入っており、集客力が期待できる一方、施設への販売手数料（売上連動）や運営のための人件費など経費が膨らんでいたのです。

また、売上の傾向については、店舗a、b、cについては順調に伸ばしてきているようです。一番の要因は、当社の高品質の米やその加工品が好評であり、リピーターとしてついてくれている顧客が増えていることでした。米そのものの品質もさることながら、主婦目線で作られた加工品（惣菜）も「家庭の味」として評判で、店の看板メニューになりつつありました。一方で店舗ｄについては、近隣に競合の出店が相次いだことで最近売上が低下傾向にあり、他店舗と比べて今後の集客も期待できないといった状況もわかってきました。

そして、何より問題だったのが、こうした店舗ごとの収支を常時把握する管理の仕組みがなく、経営者すら実態を正確に把握していないことでした。ただし、実態把握ができていなかったためにムダ・非効率が多く赤字を垂れ流していましたが、人件費の削減等まだまだ改善の余地があることもわかりました。

図表5-16　X期：直売所店舗ごとの収支

単位：千円

	店舗a	店舗b	店舗c	店舗d
売上	205,000	62,000	40,000	43,000
売上総利益	53,000	14,000	12,000	9,000
販売・一般管理費	89,500	15,500	11,400	12,300
人件費（給与手当等）	48,000	9,000	7,000	8,000
支払手数料	22,000	0	0	0
地代家賃	1,500	5,000	4,000	3,500
その他経費	18,000	1,500	400	800
営業利益	▲36,500	▲1,500	600	▲3,300
最近の売上の傾向	↗ 大幅増加	↗ 増	↗ 増	↘ 減

※店舗ａ、ｂ、ｃは売上増が続いている。店舗ｄは、最近では売上低下傾向が止まらない。

② 生産における強みと課題

まず、図表5-17で作目ごとの反収から生産性を見ると、水稲のうちササニシキ、また野菜の多くが標準反収（全国および所在地都道府県）と比較して低くなっています。特に、野菜のうちキャベツやトマトの反収は著しく低く問題であることがわかります。

図表5-17 作目別反収と標準反収との比較

作目	品種	当社反収（kg）	標準反収（kg）	
			全国	●●県
水稲	ササニシキ	505	536	559
	・・・			
野菜	キャベツ	1,500	4,440	2,150
	トマト	2,800	6,170	3,480
	・・・			

※標準反収は、農林水産省「平成26年度作物統計調査」より

また品質面では、米については顧客からの評判がよい一方で、ヒアリングからは、自社生産の野菜は質が悪く、直売所店舗で売れ残りが多いといった声が聞かれました。このことが、自社製品よりも契約農家等から仕入れした商品への依存度を高めている要因の一つであることは明らかでした。

このように、特に野菜の生産性や品質が悪い背景には、大きく「人材」と「仕組み」の両面での問題点があることがわかりました。

【人材面の問題点】

最近になって、生産部のベテラン責任者をはじめとして経験豊富な人材が複数離職したとのことでした。これにより、運営全般において知識・栽培技術の低さや段取りの悪さなどが表面化し、最終的には生

産性や品質に大きな影響を及ぼしていると考えられました。例えば、作業員のミスから作物のほとんどを廃棄にしてしまったことなどがあり、少なからず当社の収益悪化の要因になっていると考えられます。ただし、社長の持つ技術は高く、そこを起点に社員の技術力底上げを図ることで、品質改善につなげることは可能と考えられました。

【仕組み面の問題点】

上記のように人材のスキルが下がってきている背景もあり、作業員の農作業の実態を把握・管理、教育し、ミスなく効率的な生産につなげることが必要です。しかし当社では、リーダー自身が多忙・未熟なこともありますが、管理・教育の仕組みが機能していませんでした。例えば作業日報（図表5-18）はあるもののほとんど使われていない状態だったり、ミーティングや教育の時間もなく、作業員の多くは複数ある圃場の場所をきちんと覚えておらず、地図を見ながらでなければ辿りつけないような有様でした。

図表5-18　作業日報の例

作業日報　　　　年　　月　　日　　天候：

作業者名

出社時間：　　　　　退社時間：

実労働時間：

開始時刻	終了時刻	圃場	作業名	作業内容	使用機材・資材	作業時間

その他の作業など

③ 経営管理における強みと課題

「製品を生産するためにどれだけの費用がかかっているのか」を把握すること、つまり生産原価を管理することは、農業に限らず製造業等企業活動全般において、収益力を上げるためには大変重要で基本的な要素です。G社では、作目ごとに目標原価を作っていたものの、実績との比較には活用していませんでした（図表5-19）。会社全体として収支の予実管理をするように、作目ごとの原価についても、予算（目標）と実績を対比してウォッチすることで、生産活動がうまくいっているかを確認し問題があれば改善につなげることができます。G社においても、せっかく作った目標原価を実績対比に活用し、原価低

図表5-19　G社の目標原価（水稲の例）

種別	資材名	規格	単価	使用量／枚	1枚あたり使用量	1枚あたり単価（円）
育苗資材費	種子	4kg	2,096	33	130g	64
	床土	1㎥	8,000	250	4kg	32
	育苗専用肥料	○○	○○	○○	○○	○○
	・・・					
	・・・					
ハウス温床資材	透明ポリ	○○	○○	○○	○○	○○
	・・・					
	・・・					
販売用床土費用	床土	○○	○○	○○	○○	○○
	育苗専用肥料	○○	○○	○○	○○	○○
	・・・					
肥料・農薬・防除費用	高度化成	○○	○○	○○	○○	○○
包装資材	紙袋	○○	○○	○○	○○	○○

減につなげることが必要だと考えられます。

④ SWOT 分析による財務・事業調査分析結果のまとめ

ここまでの調査結果を SWOT 分析でまとめると、以下の通りになります。

図表 5-20 SWOT 分析によるまとめ

【機会】 ●野菜の消費量、価格は安定。 ●直売所へのニーズの高まり。 ●特定エリア等で勢いのある中堅飲食店などからの引き合いが増加。	【脅威】 ●米の消費量、価格は低下傾向。 ●減反に関する助成金は縮小、廃止見込み。 ●直売所は増加傾向、競争激化。 ●流通大手の農業参入。直売所ビジネスの競争激化。
【強み】 ●特別栽培米を生産できる。 ●高品質の米を生産できる技術・体制。 ●高品質な米を売りに直売所 4 店舗のうち 3 店舗（a、b、c）では売上増傾向。 ●直売所では、米・加工品のファン（リピーター）づくりに成功している。 ●「家庭の味」として評判の惣菜が直売所の看板メニューになりつつある。 ●社長の持つ、米・野菜栽培の高い技術力。	【弱み】 ●直売所 a では施設手数料が収益を圧迫。 ●直売所 d は近隣エリアでの競争激化により売上減傾向。 ●直売所店舗ごとの収益管理ができておらずムダ・非効率を放置。a、b、d の 3 店舗は赤字を垂れ流している。 ●水稲、小麦、野菜の生産性が低い。 ●野菜の品質が低い。直売所でも売れ残りが多い。 ●経験豊富な生産管理者退職。 ●技術者が定着しないことによる農業技術や反収の低下 ●作業日報を作成しておらず、生産性・品質に関わる作業状況の把握・管理ができていない。 ●目標原価を実績対比に活用しておらず生産状況の把握ができていない。 ●法人向けの営業はほぼ社長一人が催事等で PR をするのみで、受け身の営業となっている。

4 ▶ G社の経営改善計画

前述のSWOT分析から、クロスSWOT分析（機会・脅威・強み・弱みを掛け合わせることで今後とるべき方針を導き出す手法）を行い、G社は以下の通り経営改善計画を策定しました。

図表5-21　クロスSWOT分析の結果

		機　会	脅　威
		●野菜の消費量、価格は安定。 ●直売所へのニーズの高まり。 ●特定エリア等で勢いのある中堅飲食店などからの引き合いが増加。	●米の消費量、価格は低下傾向。 ●減反に関する助成金は縮小、廃止見込み。 ●直売所は増加傾向、競争激化。 ●流通大手の農業参入。直売所ビジネスの競争激化。
強み	●特別栽培米を生産できる。 ●高品質の米を生産できる技術・体制。 ●高品質な米を売りに直売所4店舗のうち3店舗（a、b、c）では売上増傾向。 ●直売所では、米・加工品（惣菜）のファン（リピーター）づくりに成功している。 ●「家庭の味」として評判の惣菜が直売所の看板メニューになりつつある。 ●社長の持つ、米・野菜栽培の高い技術力。	【直売所のスクラップアンドビルドと、商品力訴求の強化】 ●店舗別収支（予実）管理の徹底とコスト見直しにより黒字化を図る。 ●看板メニューとなりつつある惣菜に、自社生産の野菜を活用したメニュー開発を強化。	

弱み	●直売所aでは施設手数料が収益を圧迫。 ●直売所dは近隣エリアでの競争激化により売上減傾向。 ●直売所店舗ごとの収益管理ができておらずムダ・非効率を放置。a、b、dの3店舗は赤字を垂れ流している。 ●法人向けの営業はほぼ社長一人が催事等でPRをするのみで、受け身の営業となっている。 ●水稲、小麦、野菜の生産性が低い。 ●野菜の品質が低い。直売所でも売れ残りが多い。 ●経験豊富な生産管理者退職。 ●技術者が定着しないことによる農業技術や反収の低下。 ●作業日報を作成しておらず、生産性・品質に関わる作業状況の把握・管理ができていない。 ●目標原価を実績対比に活用しておらず生産状況の把握ができていない。	【直売所のスクラップアンドビルド】 ●施設手数料が収益圧迫要因となる。 ●店舗aは、コスト削減、売上アップを図るも収益ラインに乗らない場合は撤退を検討。 【積極的な営業体制の構築】 ●受け身、社長依存の営業から脱却。 ●既存社員から営業担当者を配置し、商品力を訴求した営業を行う。直売所の開発商品なども活用する。 【野菜の生産品質向上】 ●生産技術を持つ社員の新規採用（既存社員退職時の入替えとして）。 ●社長の持つ技術伝承により、技術力底上げ。 ●生産部⇔直売所間での情報共有を密にし、品質改善や惣菜メニューの研究など「売れる商品づくり」を行う。 【管理とPDCAの徹底によるムダ排除、生産性・品質の維持向上】 ●作業日報の運用、目標原価の予実管理への活用を行い、日々問題点を発見し改善をする体制・習慣をつくる。	【直売所のスクラップアンドビルド】 ●競争力のない直売所dは撤退。

図表５-22　改善の方向性（基本方針）

	方　針	期待される改善効果
1	直売所販売のさらなる強化（スクラップアンドビルドと商品力訴求強化）	直売所売上増、コスト削減
2	積極的な営業体制の構築	売上増
3	野菜の生産性・品質向上と、売れるメニュー開発	売上増、コスト削減
4	計数管理とPDCAの徹底によるムダ排除、生産性・品質の維持向上	コスト削減

図表5-23　計数計画

(単位：千円)	X期		X＋1期		X＋2期		X＋3期	
	実績	売上比	計画	売上比	計画	売上比	計画	売上比
売　上　高	536,000	100%	527,000	100%	564,000	100%	591,000	100%
水稲売上高（法人向け）	69,000	13%	72,000	14%	75,000	13%	80,000	14%
雑穀売上高（法人向け）	6,000	1%	5,000	1%	5,000	1%	5,000	1%
野菜売上高（法人向け）	97,000	18%	97,000	18%	110,000	20%	120,000	20%
直売所（一般顧客向け）	350,000	65%	339,000	64%	360,000	64%	372,000	63%
作業受託高	14,000	3%	14,000	3%	14,000	2%	14,000	2%
売上原価	409,000	76%	399,466	76%	423,000	75%	431,430	73%
期首棚卸高	92,000	17%	88,000	17%	88,000	16%	88,000	15%
商品仕入高	266,000	50%	231,880	44%	242,520	43%	242,310	41%
当期製品製造原価	139,000	26%	167,586	32%	180,480	32%	189,120	32%
期末棚卸高	88,000	16%	88,000	17%	88,000	16%	88,000	15%
売上総利益	127,000	24%	127,534	24%	141,000	25%	159,570	27%
販売・一般管理費	231,000	43%	188,661	36%	188,098	33%	187,818	32%
役員報酬	5,000	1%	5,000	1%	5,000	1%	5,000	1%
給与手当	97,000	18%	77,540	15%	77,536	14%	77,536	13%
賞与手当	0	0%	0	0%	0	0%	0	0%
法定福利費	9,000	2%	7,194	1%	7,194	1%	7,194	1%
退職金	0	0%	0	0%	0	0%	0	0%
福利厚生費	1,000	0%	1,000	0%	1,000	0%	1,000	0%
旅費交通費	2,000	0%	2,000	0%	2,000	0%	2,000	0%
広告宣伝費	1,000	0%	1,000	0%	1,000	0%	1,000	0%
運賃	4,000	1%	3,500	1%	3,500	1%	3,500	1%

支払手数料	26,000	5%	27,625	5%	28,480	5%	29,200	5%
車輌費	12,000	2%	10,000	2%	10,000	2%	10,000	2%
販売促進費	3,000	1%	1,500	0%	1,500	0%	1,500	0%
減価償却費	12,000	2%	11,000	2%	10,000	2%	9,000	2%
地代家賃	14,000	3%	10,302	2%	9,888	2%	9,888	2%
修繕費	7,000	1%	2,000	0%	2,000	0%	2,000	0%
通信費	3,000	1%	2,000	0%	2,000	0%	2,000	0%
水道光熱費	14,000	3%	10,000	2%	10,000	2%	10,000	2%
租税公課	5,000	1%	5,000	1%	5,000	1%	5,000	1%
接待交際費	1,000	0%	1,000	0%	1,000	0%	1,000	0%
保険料	7,000	1%	6,000	1%	6,000	1%	6,000	1%
稲経安定拠出金	1,000	0%	1,000	0%	1,000	0%	1,000	0%
その他経費	7,000	1%	4,000	1%	4,000	1%	4,000	1%
営　業　利　益	−104,000	−19%	−61,127	−12%	−47,098	−8%	−28,248	−5%
営業外収益	97,000	18%	55,000	10%	55,000	10%	55,000	9%
受取利息	0	0%	0	0%	0	0%	0	0%
受取配当金	0	0%	0	0%	0	0%	0	0%
受取補助金	19,000	4%	15,000	3%	15,000	3%	15,000	3%
雑収入	78,000	15%	40,000	8%	40,000	7%	40,000	7%
営業外費用	9,000	2%	9,000	2%	9,000	2%	9,000	2%
支払利息	9,000	2%	9,000	2%	9,000	2%	9,000	2%
繰延資産償却費	0	0%	0	0%	0	0%	0	0%
雑損失	0	0%	0	0%	0	0%	0	0%
経　常　利　益	−16,000	−3%	−15,127	−3%	−1,098	0%	17,752	3%

図表５-24　計数計画詳細　店舗別計画

＜Ｘ期　実績＞

	店舗 a	店舗 b	店舗 c	店舗 d	合計	
	実績	実績	実績	実績	実績	売上比
売上	205,000	62,000	40,000	43,000	350,000	100%
売上総利益	53,000	14,000	12,000	9,000	88,000	25%
販売・一般管理費	89,500	15,500	11,400	12,300	128,700	37%
人件費（給与手当等）	48,000	9,000	7,000	8,000	72,000	21%
支払手数料	22,000	0	0	0	22,000	6%
地代家賃	1,500	5,000	4,000	3,500	14,000	4%
その他経費	18,000	1,500	400	800	20,700	6%
営業利益	▲36,500	▲1,500	600	▲3,300	▲40,700	−12%

最近の売上の傾向	↗ 大幅増加	↗ 増	↗ 増	↘ 減

※店舗ａ、ｂ、ｃは売上増が続いている。店舗ｄは、最近では売上低下傾向が止まらない。

＜Ｘ＋１期　計画＞

	店舗 a	店舗 b	店舗 c	店舗 d	合計		根拠
	計画	計画	計画	計画	計画	売上比	
売上	225,000	69,000	45,000	撤退	339,000	100%	高粗利率の加工品売上促進、原価管理によるコスト削減。
売上総利益	58,725	15,870	13,950		88,545	26%	
販売・一般管理費	71,967	14,000	11,400		97,367	29%	
人件費（給与手当等）	38,040	7,500	7,000		52,540	15%	a：閑散時間帯のパート減。ベテランパート育成による社員減。 b：閑散時間帯のパート減。
支払手数料	23,625	0	0		23,625	7%	
地代家賃	1,302	5,000	4,000		10,302	3%	a：人員減にともない駐車場解約（期中）
その他経費	9,000	1,500	400		10,900	3%	a：戦略なく行っていた広告宣伝は中止。
営業利益	▲13,242	1,870	2,550		▲8,822	−3%	

<X＋2期　計画>

	店舗a	店舗b	店舗c	店舗d	合計		根拠
	計画	計画	計画	計画	計画	売上比	
売上	240,000	72,000	48,000	撤退	360,000	106%	高粗利率の加工品売上促進、原価管理によるコスト削減。
売上総利益	63,600	16,560	14,880		95,040	28%	
販売・一般管理費	68,208	14,000	11,400		93,608	28%	
人件費（給与手当等）	33,840	7,500	7,000		48,340	14%	a：パート育成により社員減
支払手数料	24,480	0	0		24,480	7%	
地代家賃	888	5,000	4,000		9,888	3%	a：前期中駐車場解約の効果
その他経費	9,000	1,500	400		10,900	3%	
営業利益	▲4,608	2,560	3,480		1,432	0%	

<X＋3期　計画>

	店舗a	店舗b	店舗c	店舗d	合計		根拠
	計画	計画	計画	計画	計画	売上比	
売上	252,000	72,000	48,000	撤退	372,000	110%	高粗利率の加工品売上促進、原価管理によるコスト削減。
売上総利益	69,048	16,560	14,880		100,488	30%	
販売・一般管理費	68,928	14,000	11,400		94,328	28%	
人件費（給与手当等）	33,840	7,500	7,000		48,340	14%	
支払手数料	25,200	0	0		25,200	7%	
地代家賃	888	5,000	4,000		9,888	3%	
その他経費	9,000	1,500	400		10,900	3%	
営業利益	120	2,560	3,480		6,160	2%	

5 ▶ 金融機関目線による評価のポイント

G社の場合、直接的には「高品質な米」「売れ行き好調な直売所(今後の収益力向上可能性)」という強みが、経営改善の中心施策となりました。中長期で事業が改善・成長し、キャッシュフローを生み出すためには、特に強みに着目し活かす形で事業展開を考えていくことが必要になります。もちろん、弱みの克服についても同様です。

強み・弱みを明らかにせず一般論で目標を掲げても、その実現性は不明確なものになってしまいます（例えば、裏付けなく、単に「営業を強化する」「生産量を増やす」といった根拠のない目標を掲げるのでは意味がありません)。したがって、調査結果から強み・弱みが明らかになっているか、その強み・弱みに沿った戦略となっているかというポイントで評価することが有用です。

第6章

財務・事業面診断のための
ケーススタディ

以下は、財務面、事業面からの診断を行うケーススタディ（練習問題）です。少々問題のある取引先農業法人を診断するケースとして、本書で解説した視点で以下の設問に回答しながら、ご自身なら当社に対してどのように対応するかを考えてみてください。

※後半に解説をつけています。

1 ▶ 問　題

<対象農業法人>

会社名　：　株式会社グッドフルーツ

事業内容：　果物の生産、加工品の製造、販売、観光農園

主要作目：　もも、なし、ぶどう

従業員数：　20名

概況：

以前より融資をしている取引先。一時は経常赤字に陥ったが翌期には回復した。しかし、継続して債務超過であり業績は安定せず、資金繰りが厳しい状況とも聞いており、なぜそのような状態なのか、当社の現状や事業性（将来の事業継続性や成長性など）を一度整理してみる必要があると考えられた。

株式会社グッドフルーツのビジネスモデル（第3章図表3-2 再掲）

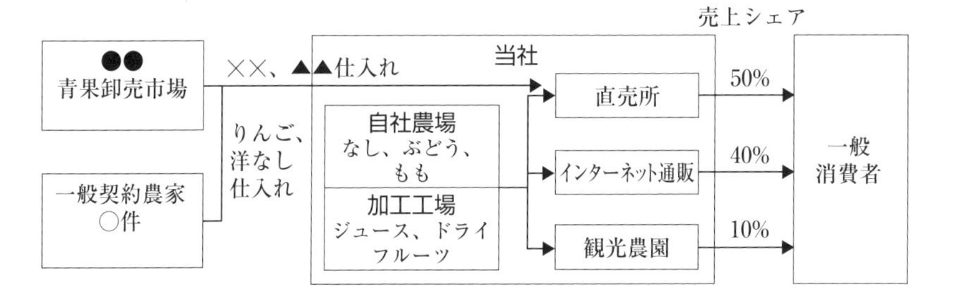

商品別売上（百万円）

商品種別	売上	売上シェア
もも	36	31.6%
ぶどう	22	19.3%
なし	20	17.5%
その他果物	14	12.3%
もぎとり	15	13.2%
加工品	7	6%
合計	114	100%

【特徴】

- 自社農場で生産した果樹の半数は直売所経由で販売している。
- 生産物の品質は高く、ネット経由でのリピーターも多い。
- 加工品も取り扱っているが、収益貢献度は低い。
- 直売所で取り扱うため、市場や契約農家からの仕入れも行っている。

【パート１】財務面からの診断

問題１：まずは、財務情報から掘り下げて見ていくことにしました。

以下は、直近３期の簡単な業績推移です。ここから推測できることや、さらに深掘りすべきポイントを挙げてみてください。

ヒント：まずはざっくりとした業績推移から、収益が出ているのか出ていないのかと、その要因をおおまかに推察します。そのために、経年で変動している科目や逆に変動していない科目などに着目します。

図表６－１　直近の業績推移

単位：千円

	2014年3月期	2015年3月期	2016年3月期
売上	100,000	97,000	110,000
売上総利益	25,000	30,000	36,000
販管費	48,000	46,000	51,000
営業利益	−23,000	−16,000	−15,000
経常利益	3,000	−500	2,000

図表6-2　原価、販管費における科目ごとの対売上比率

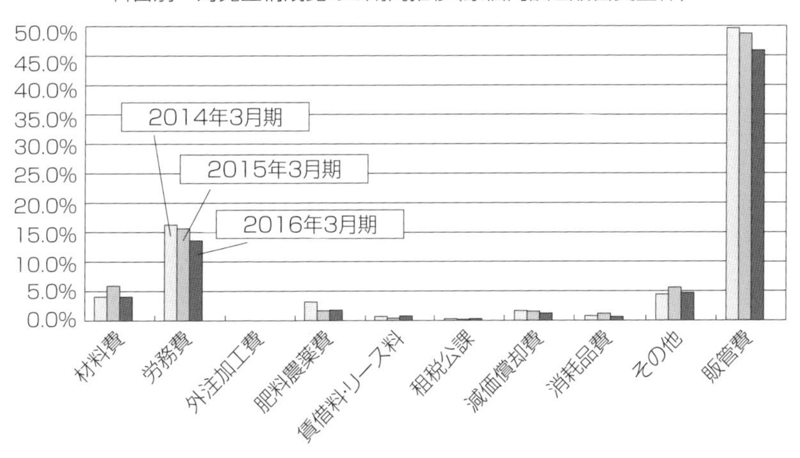

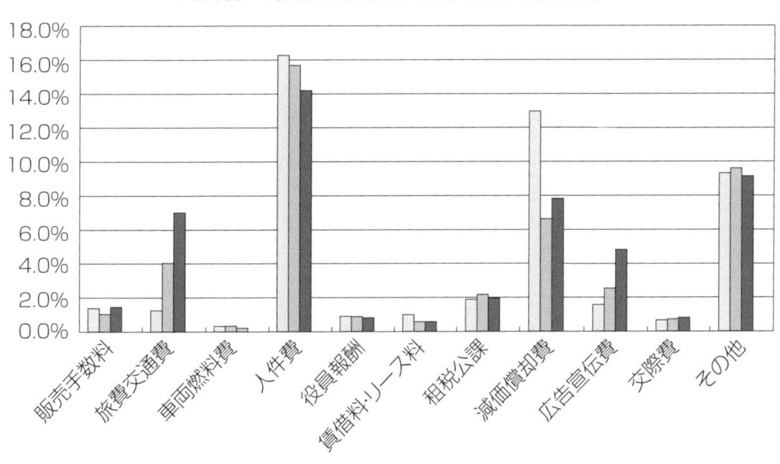

問題2：以下は、直近3期の財務指標を業界平均値と比較したものです。ここから推測できることや、さらに深掘りすべきポイントを挙げてみてください。

ヒント：専門的な知識ではなく、常識的な視点でおかしなポイントなどがないかを見ます。また業界平均値は、元となる統計データに異なる特性を持つ地域や作目を含む場合などもあるため、あくまで参考としての比較とし、絶対的な指標ではないことに留意します。

図表6－3　直近3期財務指標と業界平均値比較

		2014年3月期	2015年3月期	2016年3月期	果樹作経営平均値※
収益性	売上高総利益率	25%	31%	33%	28%
	売上高販管費比率	48%	47%	46%	32%
	営業利益率	−23%	−16%	−14%	−5%
効率性	売上債権回転期間（日）	7	4	7	−
	買掛債務回転期間（日）	8	20	22	−
	製品回転期間（日）	60	73	65	−
安全性	当座比率	20%	15%	13%	71%
	流動比率	115%	150%	88%	91%
	自己資本比率	−8%	−10%	−11%	−

※農林水産省 農業経営統計調査「組織経営の営農類型別経営統計」より
　組織法人経営・果樹作経営（全国）データから算出。

- 売上高総利益率…100％－(生産原価／農業収入)
- 売上高販管費比率…販売費および一般管理費／農業収入
- 営業利益率…営業利益／農業収入
- 当座比率および流動比率については、記載の分析指標をそのまま使用している。

【パート2】事業面からの診断

問題3：以下は、当社の事業を取り巻く外部環境（市場、顧客、競合）の情報です。ここから読み取れることを考えてみてください。

ヒント：当社にとっての「機会」や「脅威」という視点を意識しながら見ます。

＜市　場＞

図表6－4　産地直売所　売場面積別店舗数割合（全国）

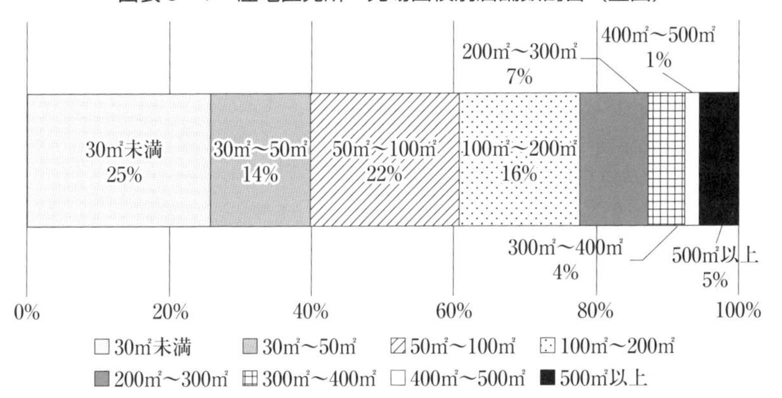

出所：農林水産省 平成21年度農産物地産地消等実態調査報告

図表6－5　直売所の売場効率（1坪あたり年間売上高）

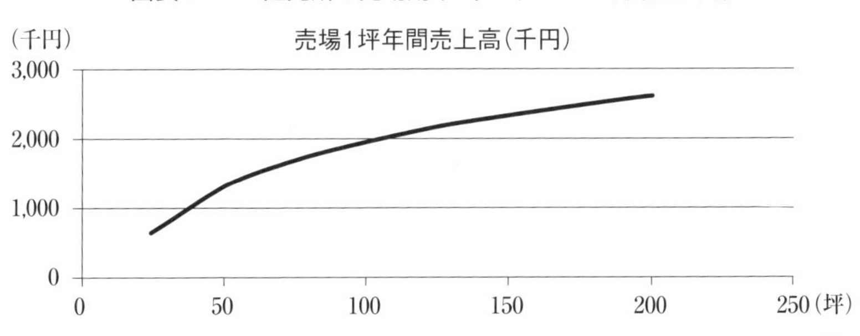

出所：平成16年度農産物地産地消等実態調査（農林水産省）データをもとに算出

図表6－6　直売所の魅力

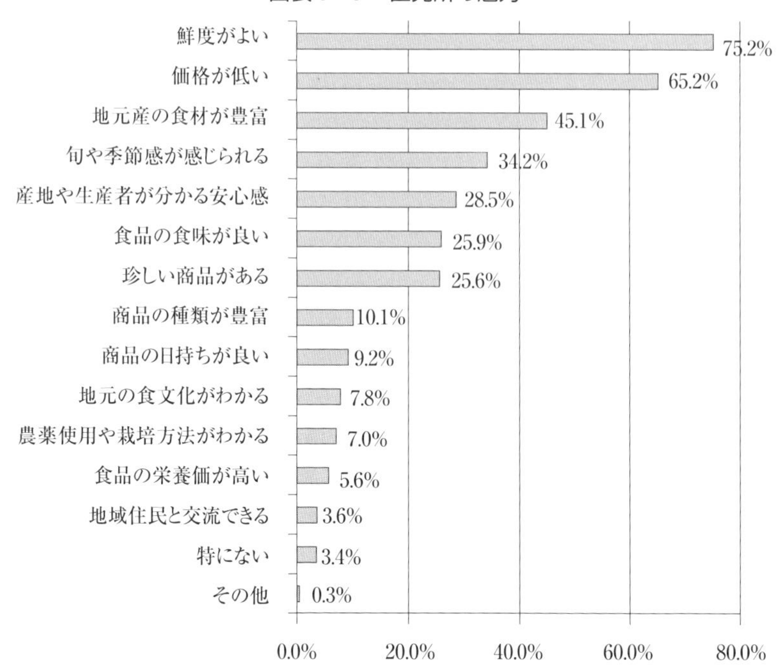

出所：日本政策金融公庫（2011）「農産物直売所に関する消費者意識調査」

図表6－7　果実加工品のニーズ

○生鮮果実と果実加工品の購入度合い

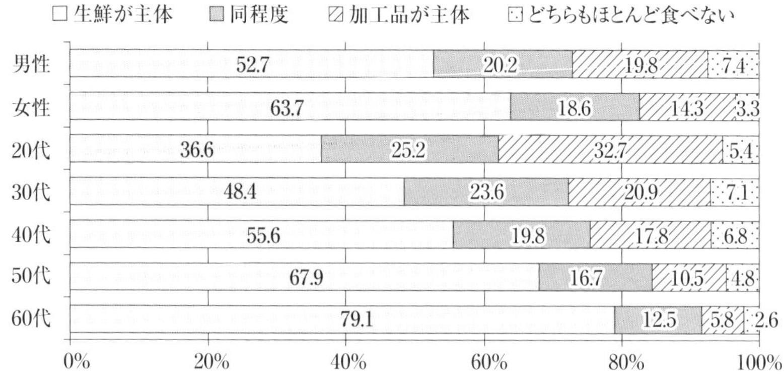

資料：（公財）中央果実協会「果実の消費に関するアンケート調査」（平成24年度）

図表6-8　ジュース加工用原材料の栽培に取り組み、経営規模を広げている農家の事例

○ 「果汁原材料は生食用のすそ物で対応する」という考えから脱却し、りんご果汁用専用園地を設置することにより、低コスト・省力化技術を導入している事例が現れている。
○ 生食用に比較して加工用原材料の単価が安いが、単収増加、労働時間の短縮等により所得の確保を図る取組もみられる。

加工用需要に対応したりんご（紅玉）の生産への取組

【A農業生産法人】

【収量アップに向けた取組】
・栽植密度を低くし（慣行栽培の約1/2）、その分枝葉を伸長させて樹勢を強め、生産を安定
・無摘果により玉数を確保(慣行栽培の約４倍)し、収量を増加

【省力化の取組】
・着色管理・摘果の省略等の省力化
・作業の機械化（ＳＳ、タイヤショベル等）とそれに適した園地整備
・手取り収穫ではなく、木を揺すって一斉収穫

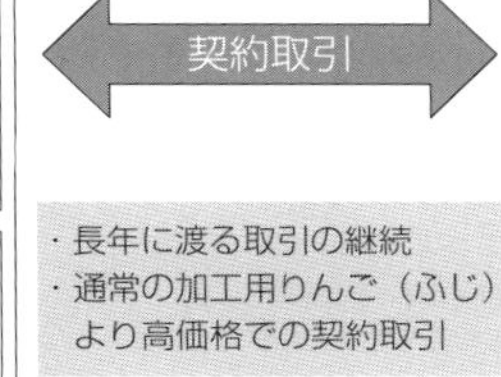

・長年に渡る取引の継続
・通常の加工用りんご（ふじ）より高価格での契約取引

【ジュース製造業者】

【ジュースの品質向上に向けた取組】
・苗木購入の助成やニーズ等の情報提供により生産量の少ない紅玉を安定的に確保
・一斉収穫したりんご（紅玉）を即日搾汁することで原料ロス・保管コストを削減
・紅玉果汁の特性（低ｐＨ）により、ジュースの低温殺菌（80℃）が可能になり、品質が向上

【生産者のメリット】
①玉数増加・出荷規格の簡素化による収量向上。
　単収：4,000kg/10a (慣行：2,190kg/10a)
②機械化、着色管理省略等の作業の軽減により規模拡大が可能。
　年間労働時間：76時間/10a (慣行：267時間/10a)
③隔年結果が無く、販売価格が予め決まっているため、経営が安定。

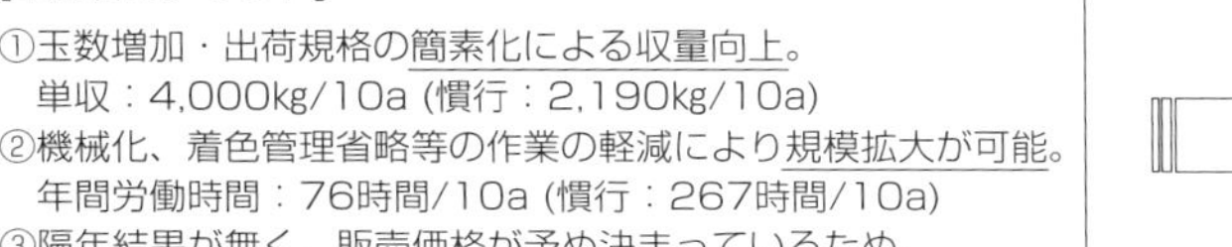

出所：農林水産省 果樹をめぐる情勢（平成28年７月）

＜顧　客＞

図表６－９　１世帯あたり果物への年間支出額（総世帯）

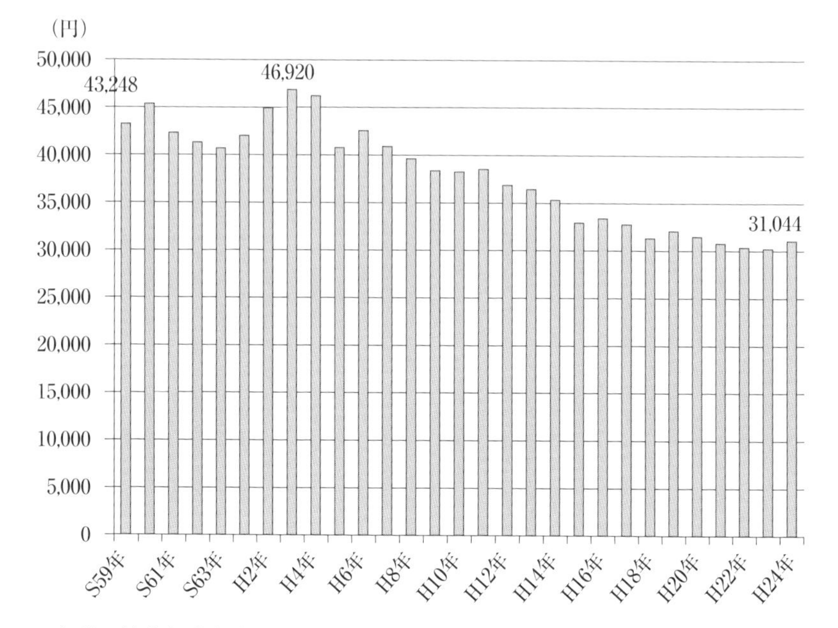

出所：総務省「家計調査年報」

図表６－10　年齢階級別１世帯あたり１ヵ月の果物への支出金額

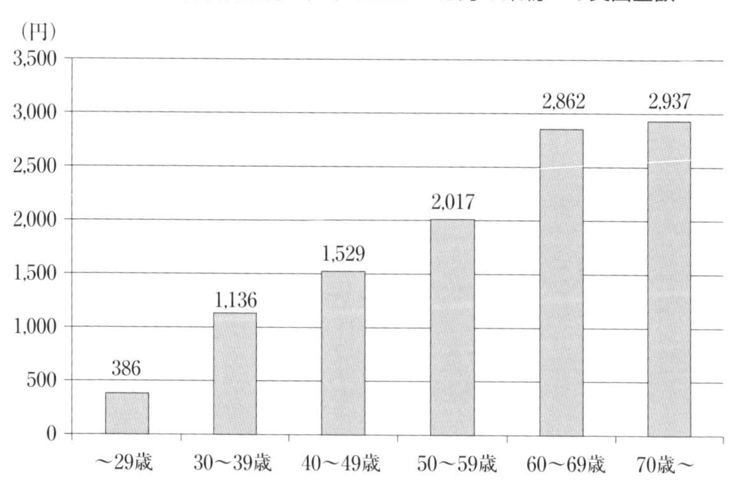

出所：総務省「家計調査年報」

＜競　合＞

図表6-11　近隣の競合直売場との比較

		当社店舗	X果樹園	Y農園
特徴	もぎとり	時間制限無し	無	30分間
	直売所	100坪以上の3店舗を運営。加工品等充実。一部老朽化。	1年前に改装、おしゃれな見た目で差別化。	小規模で加工品無し。
	ネット販売	●最も商品が充実。 ●リピーター有	●ネット発注はできずFAX対応のみ	無
もぎとり入園料	もも	1,200円	−	1,000円
店舗販売商品価格	もも（2kg）	3,200円	3,200円	3,150円
	梨ジュース（1L）	1,000～1,500円	1,000円	−

問題4：以下は、販売部門に関する情報です。ここからわかる当社の強みや問題点を考えてみてください。

ヒント：複数部門や商品群がある会社の場合は、そのセグメントごとに分解して収益性を見ることが有効です。その後、セグメントごとの詳細なオペレーションの実態を探っていきます。

図表6-12　各部門別利益試算

当社内で部門別管理をしていなかったため、販売データ等から概算したもの。

特に、観光農園については、もぎとられた量は厳密にカウント不能なため、(平均収量×面積－残りの収穫量）から算出しコスト試算した。

単位：百万円

	直売所	ネット通販	観光農園(もぎとり)	合計
売上	55	44	11	110
コスト	53	42	30	125
営業利益	2	2	−19	−15

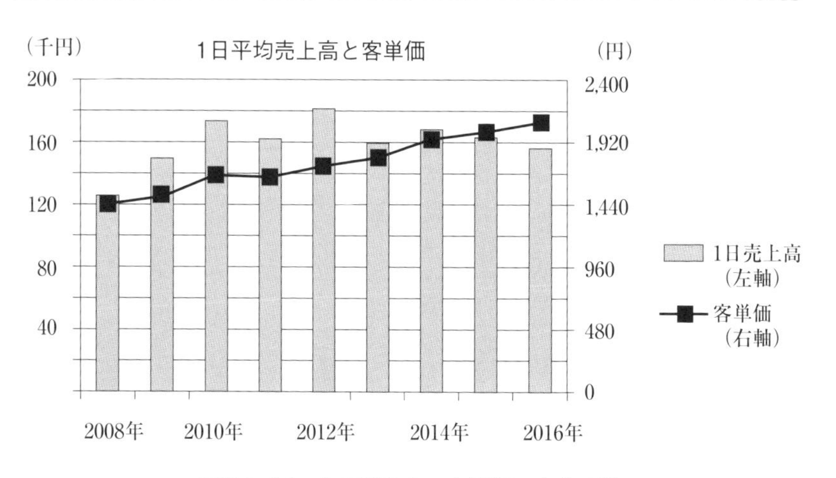

図表6-13　直売所売上、客単価、来店客数

図表6-14　直売所訪問による視察および従業員ヒアリング結果

対　象	視察およびヒアリング結果
販売状況（従業員ヒアリング結果）	収穫時期には観光客が多く集まり、非常に良く売れている。 しかし、近隣に新しいおしゃれな店などができ始めてからは、お客さんが取られているように思う。
客層（従業員ヒアリング結果）	中高年が多いように思うが、若い人も増えている。しかし、若い人はおしゃれな競合店に取られている面があると感じる。
人気商品（従業員ヒアリング結果）	最近人気が出てきたブランド果物は、単価を高く設定しているがよく売れる。新商品のジュースは販売強化商品と言われ、たくさん在庫として持っている。販促をがんばっており、だんだん売れるようになってきた。生産物やジュースの品質は、他社に負けない自信がある。ジュースの試飲はアピールになっていると思う。
店づくり、商品（視察結果）	昔ながらの店のイメージ。焼き鳥なども売られている。陳列が乱雑で商品が見づらい。廃棄され変色した果物の皮などがオモテから見えて衛生面などで不安があるように見える。 商品パッケージが、テプラで作った商品ラベルなど魅力的でない。
接客（視察結果）	フレンドリーで親切。とてもよい印象。 ベテラン従業員のようで、説明もうまく手慣れている。

図表6-15　その他営業に関するヒアリング結果

対　象	ヒアリング結果
外販営業について	ブランド果物やジュースの販促のため、ここ2年で首都圏や遠方の催事に積極的に出展している。そのため、旅費交通費が大きく膨らんでいる。
ネット販売について	当社のブランド果物やジュース等を贈答用などで販売している。ブランドが認知されてきて販売が増え、売上がどんどん上がってきている。現状、人手が足りずWebサイトの更新が頻繁にできないことが悩みで、特に更新遅れによりネット用の在庫数がゼロになってしまっていることがあり、機会損失になっている様子。

問題5：以下は、生産・加工に関する情報です。ここからわかる当社の強みや問題点を考えてみてください。

ヒント：ここでは、簡略化のためヒアリング・視察結果のみ示していますが、実際は現場に赴いて情報収集が必要になります。その場合に、単なる「印象」や「定性情報」だけでなく、できるだけコストや利益といった「定量データ」にどう結びつくかの視点で情報を収集し検証することが有効です。

図表6-16　生産・加工に関する視察およびヒアリング結果

対　象	視察およびヒアリング結果
生産について	●数年前、10ヵ所に分散していた畑を5ヵ所に集約した。それにより、手間が減り作業員を3名減らすことができた。収穫量もアップした。 ●社長の営農技術が非常に高く、農作業の指導を熱心に行っているため、組織として技術が蓄積している。
加工について	●3年前に始めたジュースを新商品として売り出し、ヒットしている。ハネモノ、キズモノを利用できるので利益の改善にもなる。 ●一方で、ハネモノをすべてジュースに加工しているため、販売が追い付かず、在庫が増加する一方となっている。直近期では、ジュースを含む加工品は、年間売上3百万円に対し、在庫が20百万円になっていた。 ●品質や味の面では高い加工技術を持っているため、他社から加工業務請負の依頼がきている。 ●機械や農閑期の従業員の稼働率アップにつながるためメリットがあると感じている。

問題6：以下は、組織や経営管理面でのヒアリング内容です。ここからわかる当社の強みや問題点を考えてみてください。

ヒント：現場で見えてくる現象も、元をたどれば経営管理の問題にいきつくことは多いものです。どのような企業でも必ず、計数面の管理（計数計画を作っているか、予実対比で管理をしているか）や人のマネジメント、組織構成の面で問題がないかを検証するべきです。

図表6-17　組織と経営管理の現状

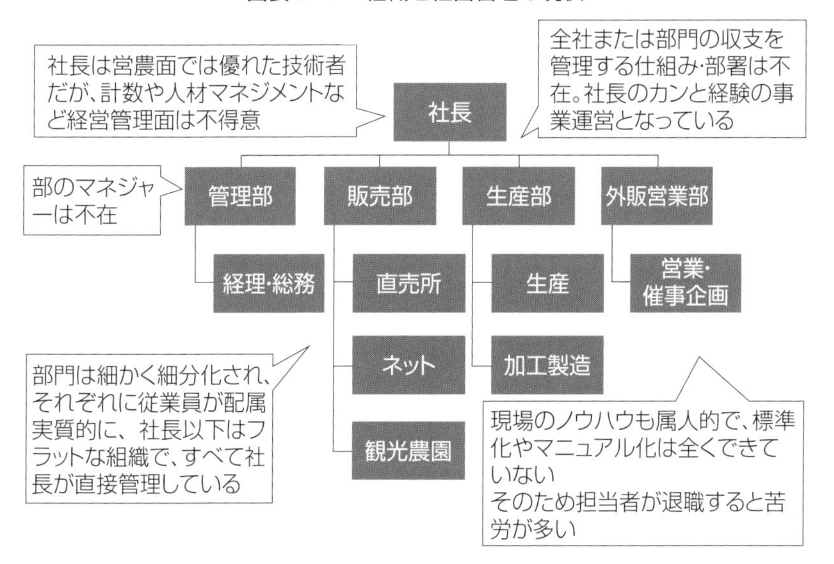

【パート3】分析結果のまとめ

問題7：ここまでにわかったことから、当社の現状をSWOTの4象限にまとめてみてください。SWOT分析ができたら、実際はこれを元に経営者と対話を行い、今後の方向性の見極めや経営計画につなげていきます。

<SWOT分析>

Opportunity【機会】	Threat【脅威】
Strength【強み】	Weakness【弱み】

問題8 ：応用編として、SWOT分析結果からクロスSWOT分析を行い、当社の今後の方向性を導くこともできます。ここでは情報が限定されているためクロスSWOT分析までは難しいかもしれませんが、実際のケースではこのフレームを活用してください。

<クロスSWOT分析>

	Opportunity【機会】	Threat【脅威】
Strength【強み】	【強みを活かして機会をつかむ】	【強みを活かして脅威を克服する】
Weakness【弱み】	【機会を逃さないために、弱みにどう対処するか】	【弱みと脅威のリスクにどう対処するか】

2 ▶ 解　説

【パート１】財務面からの診断

問題１

●図表６-１から利益水準を見ると、営業利益は毎年赤字、経常利益ベースではかろうじて黒字または2015年３月期は若干の赤字に陥っています。ここからは、事業では利益を出すことができておらず、おそらく補助金等により経常利益プラスに持っていっているのではないかということが推測できます。

※実際は、営業外収益として何が計上されているかについては別途確認をします。

●次に売上を見ると、３期間でほとんど変動はありませんが、直近の2016年３月期には若干増となっているため、この要因を探るとよいでしょう。

●売上高総利益は、３期間で大幅に改善しています。売上がほとんど変わっていないため、何か原価の構造が変わったと推測されます。材料費や労務費などのうち、何が要因だったかを探る必要があります。

●販管費水準は、３期間で大きな変動はありませんが、直近2016年３月期には若干増えています。大抵の場合、販管費は固定費（売上に連動しない）的な費目が多いため、売上増に応じて増加したのではないように思われますが、この要因は販管費明細から確認していきます。

- 図表６－２の各原価の対売上比率を見ると、上記で判明した原価低減の要因として、材料費や労務費、肥料農業費が下がっていることがあると推測されます。その要因についてはヒアリング等で確認が必要です。

- 販管費については、人件費が下がっていますが、旅費交通費や広告宣伝費が大きくアップしています。何か施策を講じたものと思われますので確認が必要です。

問題２

- 図表６－３では、財務指標から現状を確認します。まず売上高総利益率が上がっているのは、先の３期の業績推移でも見ましたが、率にするとわかりやすいでしょう。

- そのため、営業利益率はマイナスではあるものの改善してきています。

- 効率性の指標からは、製品回転期間が60～73日となっており、２ヵ月分以上の在庫を抱えていることがわかります。当社が取り扱うのがジュースなど劣化しやすいものであることを考えると、過大だと考えられます。

- 安全性指標からは、当座比率が直近2016年３月期で13％とあまりに低く、支払能力に大きな不安があることがわかります。ただし、これも「特定のある時点での残高による比率」であることは留意します。例えば、最も資金が薄くなる時期の当座比率であれば、極めて低くなることはあります。しかし一瞬であれ13%まで落ちるのは、突発的な外部環境の変化などで資金ショートに陥る可能性が大きく注意が必要です。

● 自己資本比率はマイナスであり、債務超過に陥っています。

【パート２】事業面からの診断

問題３

● 図表６−４、６−５からは、多くの産地直売所が比較的小規模面積の店舗であること、しかし売場効率（１坪あたり年間売上高）から見れば、面積が大きくなるほどよくなることがわかります。
図表６−６からは、顧客が直売所に何を求めるかがわかります。直売所ならではの「鮮度」「価格」「地元産の食材」などが重要なポイントとして並んでいます。
また、図表６−７からは、年配の顧客ほど生鮮果実の購入度合いが高いですが、年代が低くなるにつれ、加工品を重視してくることがわかります。図表６−８では、加工品に対する他社の取組みを参考にできます。
図表６−９からは、果物に対する全体的な消費は減っていること、図表６−10からは、低い年代ほど果物への支出が小さくなっていることがわかります。
こうした情報を元に、当社は誰をターゲットにどのポジションにいるのか？　または狙うのか？　他社事例と比較すると十分なのか？といったことを振り返っていくことが有効です。例えば、若者をターゲットにするのであれば生鮮品の訴求では弱いですが、当社の直

売所の現状はどうか？　などを検証していきます。

●図表6-11は近隣の直売所との簡単な比較ですが、商品価格ではほとんど差がないこと、一方、もぎとりやネット販売では当社はサービスが充実していることや、直売所は100坪以上と規模が大きいというアドバンテージがあることがわかります。ただし、店作りの面では、老朽化した当社の店舗に比較しおしゃれな見た目で差別化したX果樹園の方が勝っているようで、当社の狙うターゲット層によっては対策が必要かもしれません。

問題4

●図表6-12からは、観光農園（もぎとり）が大きな赤字部門であることがわかります。この部門の赤字については、原因を追及し少なくとも何らかの対策を講じる必要があります。原因として考えられることとして例えば、価格（もぎとり入園料1,200円）がサービス（時間制限なしのもぎとり）に見合っているのか、といった観点が推測できます。直売所やネット通販は若干の黒字ですが、さらに収益を上げるために改善の余地があるのかの検証を行えればなおベターです。

●図表6-13からは、直売所の（1日）売上高は減っていることがわかります。また、客単価は増傾向の一方で来店客数は減傾向であり、1人あたりの購入額は高まっている一方、集客がうまくいっていない様子がわかります。この「客単価増」と「来店客数減」の原因については、さらに深掘りすると、当社の強み・弱みや改善施策につながっていきます。

●図表6-14からは、直売所の販売状況がわかります。良い点としては、観光客が集まる場所であり、ベテラン店員の接客レベルの高さ、また人気が出てきた高単価のブランド果物やジュースの販売状況がよいことが挙げられます。先に明らかになった「客単価アップ」の要因について、高単価商品の販売が進んでいることや、ジュース等を含め複数商品購入が増えているためといった仮説が考えられます。また外部環境調査のなかで「若い年代は加工製品へのニーズが高い」ことが判明していたため、当社の「ジュース製造」の取組みはそうしたターゲットには有効なものだといえます。一方で問題点としては、若い客層が増えているにもかかわらず、当社の店作り（古い、乱雑、衛生面での不安、パッケージの魅力のなさ）から競合店に流れていってしまっていること、また販売強化しているジュースの在庫を過剰に持っているであろうことが挙げられます。過剰在庫については、財務面で見た「製品回転期間」という指標として現れていました。これら一連の要素は、直売所の強み、弱みにつながります。

●図表6-15からは、財務面から判明した「旅費交通費や広告宣伝費の増」の要因が「外販営業を積極化」にあったことがわかりました。この外販営業で実際にどの程度成果が上がっているのか、非効率なコストのかけかたをしていないかなどは検証の余地があります。
また、ネットでの販売は、商品力もあり軌道に乗っているようです。一方で、Webサイト更新が間に合わず、販売機会損失につながっている可能性があるようです。ネット販売の今後の拡大可能性が大きく、積極的に伸ばす戦略に出るのであれば、ネット運用人材の採用や、外部への運用委託などを検討してもよいでしょう。

問題5

●図表6-16からは、畑の集客によって作業の効率化、そして作業員減を図れたとのことから、財務面から確認した「労務費減」の理由が明らかになりました。
また、生産面では社長の営農技術の高さについて言及されており、これは当社の大きな強みになっていると考えられます。

●また、加工に関してはジュース製造について触れていますが、「ハネモノをすべてジュースにどんどん加工している」ことが過剰在庫の真因だったことがわかります。過剰在庫の結果、売れないまま品質の劣化等で廃棄を大量に発生させ続ければ、結果的にキャッシュフローの圧迫要因となります。このことは、財務面から判明していた「当座比率の低さ（≒現預金残高の薄さ）」につながっていたと推測されます。ただし、新商品としてヒットし始めていることもあるため、単に製造量を減らすのではなく、販売計画をつくりそれに従った製造計画をつくるべきだと考えられます。

●加工に関してはもう1点、他社からの加工業務受託の可能性があることがわかりました。加工工場や従業員の稼働率アップと収益獲得につながるなど効果が見込めれば、当社の新たな事業として推進していくことができそうです。

問題6

●当社は、一言で言えば「社長依存」「経営管理の不在」の組織だといえます。社長は営農面では大変すぐれた技術を持っているため、直轄管理することで品質担保につながるなどのメリットも確かにありますが、中長期的には「組織の中にノウハウが蓄積し、社長がいなくても運営と改善が進む状態」を目指すべきです。また、社長が苦手としている計数面や人材マネジメント面での管理は疎かになっている様子で、特に経営計画づくりとそれに基づいた予実管理を行っていないことが、ひょっとしたら場当たり的な施策や支出（例：外販営業強化による広告宣伝費や旅費交通費の大幅増）につながっている可能性があります。
したがって、現組織・経営管理体制における「仕組みとしての管理不在」が、当社の「弱み」としての意味合いが強いと考えられます。

【パート3】分析結果のまとめ

問題7

＜SWOT分析＞

Opportunity【機会】	Threat【脅威】
●若い年代からの果物の加工品に対するニーズ ●当社の所在エリアが観光客の集客に成功している。	●果物の全体的な消費量の減少 ●若い年代での生鮮品果物へのニーズ低減
Strength【強み】 ●近隣競合他社比較では、もぎとり、ネット販売では当社サービスが最も充実。 ●100坪以上の大規模な（売場効率のよい）直売所3店舗経営。 ●高単価のブランド果物が浸透しヒットしている。 ●新商品であるジュースがヒットしている。 ●果物＋ジュースなど複数商品購入が増えており、客単価が上がっている。	Weakness【弱み】 ●直売所の店作りが魅力的でない。（特に若い層の客が、近隣競合X果樹園のおしゃれな店舗に流れてしまう） ●観光農園（もぎとり）が価格とサービスが見合っておらず大赤字。 ●ジュースの製造を無計画に行っており過剰在庫、破棄につながっている。 ●過剰在庫が資金繰りを圧迫している。

●ベテラン営業の接客レベルの高さ ●ネット販売の認知が高まり、販売が増えている。 ●畑を一部集約したことで、作業効率がアップ（労務費削減につながった）。 ●営農面では社長が優れた技術をもっており、品質の高い果物の生産ができる。 ●ジュース製造の品質や設備を評価され、他社から加工業務委託を依頼されている。 ●加工工場の稼働により、従業員の稼働率アップや収益獲得につながっている。	●業務量の問題でネット販売の運用に十分手が回らず、販売機会ロスにつながっている。 ●すべての事業運営の判断を社長に依存している。 ●組織ごとにリーダーがおらず、自律的に動ける組織になっていない。 ●現場のノウハウを蓄積する仕組みがない。 ●計数面や人材マネジメント面の管理が疎かで、着実に効率的に収益を上げる仕組みができていない。 ●場当たり的な施策実行や支出をする風土のため、不安定な業績につながっている。

問題8

※下記はあくまで一例です。実際は、経営者と対話をしながら検討していきます。

＜クロスSWOT分析による戦略立案の例＞

	Opportunity【機会】 ●若い年代からの果物の加工品に対するニーズ ●当社の所在エリアが観光客の集客に成功している。	Threat【脅威】 ●果物の全体的な消費量の減少 ●若い年代での生鮮品果物へのニーズ低減

Strength【強み】	【強みを活かして機会をつかむ】	【強みを活かして脅威を克服する】
●近隣競合他社比較では、もぎとり、ネット販売では当社サービスが最も充実。 ●100坪以上の大規模な（売場効率のよい）直売所3店舗経営。 ●高単価のブランド果物が浸透しヒットしている。 ●新商品であるジュースがヒットしている。 ●果物＋ジュースなど複数商品購入が増えており、客単価が上がっている。 ●ベテラン営業の接客レベルの高さ ●ネット販売の認知が高まり、販売が増えている。 ●畑を一部集約したことで、作業効率がアップ（労務費削減につながった）。 ●営農面では社長が優れた技術をもっており、品質の高い果物の生産ができる。 ●ジュース製造の品質や設備を評価され、他社から加工業務委託を依頼されている。 ●加工工場の稼働により、従業員の稼働率アップや収益獲得につながっている。	●直売所のリニューアルと、ブランド果物・ジュースを中心としたプロモーションの実施 ●店舗ごとにストアコンセプト（誰に、何を、どのように提供する店なのか？）を明確にし、ターゲット顧客に対して訴求力の高い店舗・商品づくりを行う。 ●老朽化した店舗については一部改築を実施。 ●ネット販売の強化 ネット専任担当者を配置。ルール化・マニュアル化により販売機会ロス防止、購入履歴の管理と既存顧客へのプロモーションの実施。 ●ジュース製造受託の開始	

Weakness【弱み】	【機会を逃さないために、弱みにどう対処するか】	【弱みと脅威のリスクにどう対処するか】
●直売所の店作りが魅力的でない。(特に若い層の客が、近隣競合X果樹園のおしゃれな店舗に流れてしまう) ●観光農園（もぎとり）が価格とサービスが見合っておらず大赤字。 ●ジュースの製造を無計画に行っており過剰在庫、破棄につながっている。 ●過剰在庫が資金繰りを圧迫している。 ●業務量の問題でネット販売の運用に十分手が回らず、販売機会ロスにつながっている。 ●すべての事業運営の判断を社長に依存している。 ●組織ごとにリーダーがおらず、自律的に動ける組織になっていない。 ●現場のノウハウを蓄積する仕組みがない。 ●計数面や人材マネジメント面の管理が疎かで、着実に効率的に収益を上げる仕組みができていない。 ●場当たり的な施策実行や支出をする風土のため、不安定な業績につながっている。	●業務のマニュアル・標準化と、業務日報による情報共有の推進 ●組織再編とリーダー人材の登用 外販営業部は販売部と統合し、全体的な営業・販売戦略として検討していく。幹部メンバーによる経営会議を実施し、PDCAサイクルを回す基盤とする。 各部部長を任命。各部門方針は部長中心で検討・実行する組織へ。 ●全社・部門別収支の予実管理徹底 管理部と部長を中心に計数管理を行う体制をつくる。 ●販売計画に基づいた生産体制の構築 販売部中心で販売計画を立案。それに基づき生産部ではジュース加工生産をコントロール。在庫管理を徹底。 ハネモノの果物のさらなる有効活用も模索。	●もぎとり園はサービス縮小する ●場当たり的な催事出展などは一時凍結。 まずはコストダウンを図る。中期的には全体的な販売・営業計画のなかで見直し。

おわりに

日本の農業は、まだまだ産業としては未熟です。

ただ、それは見方を変えると、今後充分に期待できる成長産業のひとつということができます。

ただし、産業としての農業を取り巻く内外の環境は大変厳しく、その成長の可否は、単に農事業者の頑張りのみに負うものではありません。

それは、農業を取り巻く関係者がいかにしっかり支える仕組みを作ることができるかにかかっていると言っても良いのではないでしょうか。現在、農林水産省を中心にその仕組みが少しずつ具現化されてきています。つい先日、公益社団法人日本農業法人協会主催の「農業経営支援ネットワーク2016」に参加してまいりましたが、一般企業や外部専門家が数多く集まり、熱気に包まれているのを見て大変心強く感じました。ただ、最も大事なことは、その仕組みのなかで、その役割を果たすべき関係者一人ひとりが強い自覚と使命感を持ち、それぞれの持ち場持ち場で粘り強く取り組むことだと思います。なかんずく産業としての農業の血流を円滑に維持する農業金融に携わる皆さまのご活躍が、農業界全体の活性化に大きく資することを確信して本書を書き記しました。

筆者は、本書を書き記すにあたり、数多くの農事業者や農業関係者にインタビューを行いました。そのなかで時に感じたことは、せっかく成長産業としての農業に携わる機会を得ているにもかかわらず、その意識が低く、これでは目の前にあるチャンスをみすみす取り逃してしまうのではないかということです。また、誤解を恐れずに言えば、今まで農業という比較的閉ざされた狭い世界のなかで、旧くから受け継がれてきた価値観を大事にされている方も多いと感じました。もちろん、そのこと自体は決して悪いことではなく素晴らしいことだとも思いますが、やはり農業が産業として成長していくには、一方ではもう少し視野を拡げていく努力も必要ではないでしょうか。

本書を書きまとめる最終過程において、農政の中核を担う農水省の方々や、重要な立場で農業金融を支えてこられた方々ともさまざまな切り口で意見交換させていただきました。皆さま口を揃えて農業に対する高い志を語られたのはもちろんですが、その一方では、現在の農業に対して強い危機感を述べられると同時に、農業が継続性の強い『事業』であるとの意識の下で、本書で書き記した『事業性評価』に対する取組みの重要性を強く認識されていたのは誠に印象的でした。

このことにより、今後、産業としての農業が大きく変革していくことが期待できることを肌で感じ取ることができました。

日本の農業が、筆者のような今まで農業とは関わりの薄かった者も含め、広く多様な人材を巻き込みながら自立的に成長していくことを期待しています。

株式会社マネジメントパートナーズ
酒井　篤司

＝プロフィール＝

監修：株式会社マネジメントパートナーズ［MPS］
2010年設立。企業経営支援・事業再生支援を主事業とし、設立当初より農業分野でも再生・改善案件に取り組む。公益社団法人日本農業法人協会主宰「農業経営支援ネットワーク」参加企業。農林中央金庫主宰「アグリウェブ」登録専門家企業。

著者：

酒井篤司（さかい・あつし）
株式会社マネジメントパートナーズ代表取締役、中小企業診断士。農林水産省「新たな農業経営指標研究会」常任委員。三菱商事にて新規事業企画・開発、関連会社社長、海外関連会社役員等歴任後、独立し㈱マネジメントパートナーズ設立。

古坂真由美（ふるさか・まゆみ）
株式会社マネジメントパートナーズ・シニアコンサルタント。広告制作会社等を経て現職。事業会社での営業、広告制作、経営管理、人事、財務等の経験を元にコンサルティングや会計事務所向け研修企画等を担当。

椎原秀雄（しいはら・ひでお）
中小企業診断士・行政書士事務所エースコンサルティング代表。一般社団法人農業経営支援センター所属会員、大阪市都市型農業振興事業・登録アドバイザー。幅広い業種の支援を行うなか、農業関連では計画策定やブランド化支援、ブドウ農家等の研究などの実績あり。

協力：JA市原市

事業性評価に結びつく　農業法人経営の見方

2016年12月26日　初版第1刷発行
2021年6月6日　初版第2刷発行

監修者　株式会社マネジメントパートナーズ
著　者　酒井篤司・古坂真由美・椎原秀雄
発行者　中野進介

発行所　株式会社ビジネス教育出版社

〒102-0074　東京都千代田区九段南4-7-13
TEL 03(3221)5361(代表)／FAX 03(3222)7878
E-mail▶info@bks.co.jp　URL▶https://www.bks.co.jp

落丁・乱丁はお取り替えします。　印刷・製本／蔦友印刷㈱

ISBN 978-4-8283-0639-1　C2034